藍學堂

學習・奇趣・輕鬆讀

Loved

How to Rethink Marketing for Tech Products

矽谷最夯

產品專案
行銷全書

破解世界級爆款科技產品
重新定義產品行銷力

Martina Lauchengco
瑪蒂娜・羅琛科────著　　陳文和────譯

目次

各界好評

「實際上書市一直缺少闡釋產品行銷知識與技能的權威著作，以致於各企業難以形成極富策略意義的產品行銷方法。如今我們終於等到這本書了！《矽谷最夯・產品專案行銷全書》是一本實用的實踐指南，有助於讀者在各項產品行銷基本功上精益求精。身為行銷主管的瑪蒂娜在書中展現豐富的實務經驗。簡而言之，我愛這部著作。你也將愛上它。」

——喬恩・米勒（Jon Miller），
Demandbase 行銷長、Marketo 前共同創辦人

「各位想使人們愛上自家產品的商業領袖，這是一部必讀之作。瑪蒂娜闡明了為何某些卓越產品銷售蒸蒸日上，而其他產品最後無疾而終的道理。他聚焦於科技，但所有一切與產品息息相關。本書揭開了產品市場的神祕面紗，充滿明白易懂的例證和切題的提醒，適合各個成長階段的人展讀玩味。」

——塔提雅娜・瑪慕特（Tatyana Mamut）博士，Pendo 公司負責產品的高階副總、亞馬遜（Amazon）公司雲端服務前總經理

「直到讀了本書的優質產品行銷故事，我才領會到產品行銷的力量。它全盤改變了我的想法，並使我重新思考行銷團隊的組織形式。瑪蒂娜的著作讓人領略產品行銷的成功之道。他的活力和決心無人能及。」

——道格・坎伯強（Doug Camplejohn），
Airspee 公司執行長、Salesforce 公司雲端銷售前總經理

「優異的產品值得調用非凡的產品行銷技巧。《矽谷最夯・產品專案行銷全書》揭露產品行銷常見的誤解並闡明真相，更務實地指引你專注於核心要務、忽略無關宏旨的事物。瑪蒂娜是各位行銷長的知心好友。」

——羅伯・查特瓦尼（Robert Chatwani），Atlassian 公司行銷長

「科技產業長年盼望一部講述產品行銷的權威著作，瑪蒂娜的《矽谷最夯・產品專案行銷全書》終於讓我們得償所願。這是科技業界的新創公司成員必讀之書，但也適用於渴望提升產品行銷方法的成熟公司。」

——莎拉・里瑞（Sarah Leary），NextDoor 共同創辦人

「《矽谷最夯・產品專案行銷全書》極其實用，而且是任何企求卓越的產品行銷人員必讀的好書。馬蒂娜講述親身經歷使全書生動有趣。我力促公司所有成員閱讀此書。」

——莎拉・伯納德（Sarah Bernard），
溫室（Greenhouse）公司商務長、Jet.com 公司前產品與設計副總

「世上充滿諸多出色但最終鎩羽而歸的點子和產品。成敗關鍵在於產品行銷，而馬蒂娜是箇中翹楚。每位科技公司執行長都應該研讀此書。」

——亞曼達・理查森（Amanda Richardson），
CoderPad 公司執行長，HotelTonight 前產品副總、資訊與策略長

「我親身體驗過傑出的產品行銷如何為公司大展鴻圖。馬蒂娜憑藉他商業職能上獨一無二的各項專業知識，提供我們方方面面、無比珍貴的建言。這是一部真正值得所有人典藏的著作。」

——蕾拉・塞卡（Leyla Seka），Ironclad 公司營運長、
Operator Collective 前事業夥伴

推薦序

從技術到市場的橋樑，將產品價值最大化的藝術家

劉奕酉
鉑澈行銷顧問策略長

　　正確理解產品行銷是行銷任何科技產品最根本的工作，而大多數公司都誤解了這一點。事實上，促成廣大銷售管道和品牌喜愛度的關鍵，不在於更多的行銷工作，而是實現更優質的產品行銷。

　　你了解產品行銷嗎？產品行銷又為何重要？

　　這是每一家銷售產品的企業都應該知道的事。如果你是產品經理或產品行銷人員，卻說不出這些問題的答案，那麼真的該好好省思了。

　　這本書中舉了不少實例說明：產品行銷是新創站穩腳步，進而打敗市場領頭羊的利器。但我想分享兩個更廣為人知的案例：台積電與輝達。

　　張忠謀不只一次提及產品行銷在企業成功中扮演著至關重要的角色。在其自傳中也強調，台積電創始時的策略就是行銷，不僅僅是將產品推向市場，更是確保產品能夠滿足市場需求，並且在競爭中脫穎而出。

　　這正符合這本書的核心概念：產品與市場適配。張忠謀認為，行銷部門在台積電中扮演著重要的角色，因為他們負責將產品推向合適的市場，實現產品價值的最大化。

而輝達在推出第一款產品時，也因為忽視了產品行銷而慘遭滑鐵盧。嚴重錯估市場、產品格式也和熱門遊戲不相容，導致銷售慘澹、也使得輝達面臨現金危機。此次教訓讓黃仁勳意識到輝達打造了很棒的技術、卻不是很棒的產品，在往後也更為重視定位與訂價等產品行銷策略，也才有了今日的輝達。

即便是台積電和輝達都如此重視產品行銷，更何況是一般企業？

但說到產品行銷的知識與技能該如何養成、又該如何做好？似乎沒有一套放諸四海皆準的規則，市場上也很少見相關主題的書籍，大多是參考行銷領域的書籍或摸索學習。因此，聽聞這本書要出版時，我便欣然接受了推薦序撰寫的邀約，因為真的太需要了！

當然，作者的資歷是我推崇這本書的另一個理由。

瑪蒂娜是位資深產品行銷人，從微軟、網景早期開始到現在累積了近三十年經歷，曾任多家新創公司與《財星》雜誌五百大企業的顧問，現在是矽谷產品團隊公司的長期夥伴、創業投資家，實際教導過數百家公司無數的產品行銷者學習關鍵的產品行銷課題，來撰寫這本書再適合不過了。

前面有提到，這本書的核心觀念是：產品與市場適配（PMF）。

瑪蒂娜強調，科技公司之所以能蓬勃發展，核心在於不斷追求產品與市場的契合，以及持續的成長。產品行銷則扮演著橋樑角色，負責將產品價值傳遞給目標客戶。許多產品失敗的原因不外乎是不符合客戶需求、目標客戶數量不足、缺乏知名度，以及未能有效傳達產品價值。

因此，產品行銷的目標是確保產品被開發出來且能有效地進入市

場，並被目標客戶接受。因此，書中開宗明義就探討了產品行銷的四大基礎要項，也可以說是產品行銷必須展現的核心價值，包括：

1. 大使：連結客群與洞察市場，成為產品團隊與市場之間橋樑。
2. 策略家：領導產品在正確時間以正確方式進入市場。
3. 說故事的人：形塑世人對產品的想像，理解產品價值和獨特之處。
4. 產品傳教士：促使他人傳播產品故事，激勵他人成為產品擁護者。

其次，書中也探討了產品行銷與其他團隊（如產品管理、行銷和銷售團隊）之間該如何協作、如何確保各團隊目標一致？關於產品進入市場該如何隨著公司成熟度逐步進化？並給出具體建議。

對於新創來說，產品進入市場即是公司進入市場策略。

隨著公司規模擴大，產品行銷的角色和責任也變得更加複雜，需要根據不同的產品、客群和市場情況進行調整；這是我認為本書極具參考價值的部分。

總結來說，這是一本深入探討產品行銷核心概念的指南。

不僅適合產品經理、產品設計師和工程師閱讀，也適合行銷人員、銷售人員以及任何對產品開發和市場推廣有興趣的讀者。

推薦序

推動市場經濟動能的產品行銷祕訣

游舒帆 Gipi
商業思維學院院長

　　一個好的產品，要能為客戶創造價值，同時也得為企業帶來獲利，這才是一個雙贏的局面。全球每年總是有數百萬個新產品被推入市場，可是最後能存活下來的比例基本上低於 2%。

　　在過去，我參與過數十個產品的開發過程，其中不乏失敗案例，我總結最常見的失敗原因，大致都跟產品賣不出去有關。

　　模糊的市場定位。定位決定做誰的生意，滿足什麼樣的需求。許多的產品並沒有設定清楚的客戶對象，覺得自己能做所有人的生意。乍聽之下這似乎是對產品充滿自信，但如果你想做所有人的生意時，你幾乎很難做好任何人的生意。因為對任何人都堪用，也意味著對任何人都不夠好。這也會導致你在行銷宣傳時，難以鎖定特定對象，並針對痛點做深入溝通。

　　若能在一開始就做好定位，鎖定客戶對象與要滿足的關鍵需求，行銷往往簡單許多。

　　無效的行銷溝通。許多產品團隊都有一股想把所有功能或優點都說清楚的執念，生怕花了時間、精力開發的產品沒有被看見。最後的

結果就是行銷資訊又多又雜亂，讓消費者難以掌握重點。最後的結果就是產品很好，但因為掌握不到重點，所以消費者不確定自己是否需要，最後選擇購買了另一個功能較差，但行銷資訊簡潔，一看就滿足需求的產品。

在行銷資訊構思上，消費者的注意力非常有限，因此減法遠比加法重要。用一句話打動對方，而非長篇大論的說服。

忽略市場現況。許多創新的產品會誤以為產品好，一推出肯定大家搶著要。但卻忘了花時間建立市場認知，也沒有先找最核心的客群進行產品驗證，急就章地進入大規模宣傳。花了大量的行銷宣傳預算，最後落得雷聲大雨點小。也有許多產品是屬於市場的後進者，在一大堆競品環繞下仍推出了毫無差異化的新品，自然無法觸動消費者的購買動機。

市場是動態的，當市場處在不同狀態時，產品上市的行銷策略也有所不同。甚至應該審慎考慮要不要進入這個市場，別在一個錯誤的市場中努力。

產品失敗的原因還有很多，但大多是因為繼續銷售也很難賺到錢，所以最終選擇退出市場。因此，歸根究柢還是跟定位、行銷、銷售有關。而這些重要的觀念，在這本《矽谷最夯・產品專案行銷全書》中都有被重點談論，而且書中的許多觀點我也深表認同。

這是我第四次推薦馬提・凱根公司出版的系列作品，這本書一如過往，總能以平實的口吻陳述著產品管理過程的重要觀念。

第一本書《矽谷最夯・產品專案管理全書》談論如何做好產品開發的過程管理，第二本《矽谷最夯・產品專案領導力全書》談論的是

產品團隊負責人如何帶領產品團隊，第三本《矽谷最夯 · 產品營運模式轉型全書》談論的是如何建立產品模式，以打造產品的方式思考營運，而這本新書則是著重探討產品上市行銷與銷售的思路。

馬提·凱根團隊出版的這四本書，全面剖析了打造好產品的方方面面，很難得有如此經驗豐富的專家們願意無私分享，在此誠摯推薦給各位讀者們。

導讀

為好產品找到市場適配

馬提・凱根 Marty Cagan
SVPG 創辦人
系列著作《矽谷最夯・產品營運模式轉型全書》、
《矽谷最夯・產品專案領導力全書》、
《矽谷最夯・產品專案管理全書》作者

在《矽谷最夯・產品專案管理全書》（*Inspired*）一書中，我論述了所有產品最關鍵的概念：產品與市場適配（product/market fit）。

對新創公司來說，產品與市場適配確實是唯一至關重要的事，尤其要具備產品進入市場策略（go-to-market strategy，進入市場常以 GTM 簡稱）。實現產品與市場適配可以促進公司發展，不過發展也會伴隨形形色色的挑戰。

此外，隨著事業不斷茁壯，產品往往會逐步改進以順應其他市場需求，而且公司通常會迅即著手研發新產品，因此產品與市場適配和追求成長這兩個關鍵概念，始終是科技業（技術驅動型）公司之所以蓬勃發展的核心要項。

《矽谷最夯・產品專案管理全書》闡明探索產品價值、易用性、實行性和商業可行性的各項技能，並論述這個過程必須由產品經理、產品設計者與工程師三方通力合作。

探索致勝的解決方案有其必要，但光是這樣還不夠。我見過無數

產品因下列事由而無法成功：

- 產品不符合客群實際需求；
- 或是，對產品有需求的客戶為數不多；
- 或者，確實有顧客，但知悉該產品的人寥寥無幾；
- 抑或，即使人們知道有這款產品，卻不知其符合自身需求。

為了避免失敗的結局，我們理應探究產品與市場適配概念中的**市場**層面。當我們談論有勝算的產品時，意指針對**特定市場**的強效解決方案。至於負責達成產品與市場適配，以及實現產品進入市場的就是產品行銷人員，而且他們是產品經理的夥伴。

產品經理主要專注於產品與市場適配等式中的**產品**端，而產品行銷人員首要焦點在**市場**端，當中包括產品進入市場策略。

你必須了解一個重點，開發產品和開拓市場並**不是**各自為政的兩件事。二者並行不悖，而且有著密不可分的關係。因此，產品經理和產品行銷人員建立牢靠的夥伴關係事關重大。

我始終設想著，產品經理與產品行銷人員如何建立夥伴關係，並**攜手多重檢核（triangulate）**產品與市場適配。一旦達到產品與市場適配，專注的焦點將轉移到追求成長，而且產品開發與行銷的協作關係將成為成長的關鍵因素。

產品行銷的角色歷史久遠，加上創新的步調日新月異且競爭如火如荼，科技推動產品與服務的行銷挑戰與日俱增，使其較以往更為舉足輕重。在體質強健的科技產品公司，產品行銷人員有助於解答與產

品成功至關緊要的一些根本問題：

- 如何決定觸及目標客群的最佳方法？
- 顧客將在何時透過什麼方式得知你的產品？
- 如何定位產品使客戶明白該怎麼看待你的產品？
- 如何傳達產品的價值，使其與客群的潛在需求產生共鳴？
- 客戶能用什麼方式評價你的產品？
- 客戶將由誰以及如何做出購買決策？
- 最後，如果你善盡職責、客戶也喜愛產品，他們能用什麼方法向親友推薦？

經驗老到的產品領導者將告訴你，擬定精準的進入市場策略和開發成功的產品，二者困難度不相上下。

迄今，我們出版的書籍和文章首要聚焦於產品與市場適配等式中的產品端。這主要是我們往日偏重於產品結果。我們那時領會到，有的產品縱使行銷欲振乏力仍能大發利市，而再出色的行銷也難以使劣質產品絕處逢生。

無論如何，在競爭日益激烈的現實條件下，為了獲致成功，我們理應同時具備優質的產品和強效的產品行銷方法。因此，我很樂意為讀者引薦這部新書。作者馬蒂娜曾在數家頂尖科技公司歷練多年，當中最知名的包括微軟公司和網景公司，他的專業領域涵蓋產品行銷、產品管理及企業行銷，職涯資歷不同凡響。我相信他有無與倫比的能力寫作本書。

馬蒂娜曾為科技業多位以卓越聞名的領導者和行銷專家效力，並接受過他們的教練指導，現在是矽谷產品團隊公司（後文簡稱SVPG）的長期夥伴、創業投資家，實際教導過數百家公司無數的產品行銷人員學習關鍵的產品行銷課題。

在某些個案裡，產品經理也許必須身兼產品行銷的角色，尤其是初創期的新創公司。在其他案例中，則可能是由行銷部門其他人員擔當產品行銷職責。不論你來自產品部門或是行銷部門，如果你充分了解產品行銷，日後將更有機會建功立業。

出版SVPG系列叢書的目標是分享頂尖產品公司的最佳實績，而本書處理長期缺乏深耕的課題，為此系列書籍補足了至關重要的面向。

這只是我們分享新知的開端。我們計畫持續擴展議題、分享更多卓越的實踐結果和方法，好幫助產品開發團隊與產品行銷團隊有效協作及功成名就。

謹將本書獻給尋求我推薦產品行銷書的每位人士。
感謝克里斯（Chris）、安雅（Anya）和泰倫（Taryn）
給予我的寫作支持。

謹將所有版稅捐給促進科技業女性和少數群體權益的各組織。
當科技產品是為服務人所創造時，我們的世界將日益美好。

前言

我的故事

比爾・蓋茲的怒火

當微軟（Microsoft）公司文書處理軟體 Word 事業部經理布魯（Blue）走進我的辦公室，我隨即領悟到大事不妙。在此之前，他唯一一次在我辦公桌旁坐下，只是為了認識我而短暫來訪。這次他單刀直入說道：

「我剛收到比爾・蓋茲（Bill Gates）寄來的電子郵件。內文表示，『Word 的 Mac 版本使微軟股價持續下挫。把問題搞定。』所以，我過來問你怎麼看？」

當時年輕的我擔任 Mac 版 Word 產品經理，那是我首度獲得信任負責一項主要產品。在此之前數個月，最新的視窗作業系統（Microsoft Windows）版 Word 剛出爐。在此之前，視窗版和 Mac 版 Word 的程式碼基底（code base)、各項功能和釋出週期完全不同。然而，本次視窗版和 Mac 版套用了單一程式碼基底，這意味著二者首次具有相同的功能，而且要同時發布。

然而，Mac 版延遲了，還延遲很久。它錯失發布日期的每一天都被視為一次微軟對外公開的挫敗。我們緊鑼密鼓地測試，力圖亡羊補牢，並且斷言各項新功能將成功地提升軟體效能，所以值得大眾等待。

結果，Mac 用戶厭惡它。他們覺得 Mac 版 Word 幾乎不合乎使用，不但執行速度緩慢，還欠缺更多以 **Mac 作業系統**為本的功能。

在那時，微軟 Word 和 Excel 是 Mac 電腦最重要的生產力工具。由於蘋果公司當年正陷於經營困境，Mac 用戶擔心，如果 Mac 版的 Word 命途多舛，恐將敲響蘋果公司的喪鐘。

各大新聞群組針對微軟發表尖酸刻薄的仇恨言論傾巢而出。每當我鄭重其事地貼文辯解，隨即成為眾矢之的。我時常以淚洗面，疑惑「這些人不把我當人看嗎？」

「搞定問題」的唯一方法是提升產品效能，並使 Mac 用戶能夠使用他們最在意的那些功能。最後，我們釋出了重大更新版本，還向每位註冊的 Mac 用戶提供折價券和我的道歉函。

我謙卑地體驗這一切，從而學會一項重大課題：市場將決定策略的價值。即使是像微軟這樣深謀遠慮的公司，也有可能在產品進入市場策略上馬失前蹄。

以終為始

雖然微軟不可能時時刻刻做好每一件事，但泰半時候確實能妥善處理大多數事務。在微軟工作就如同在軟體大學求學，你將見證諸多產品在形形色色的市場成功或失利。

微軟對每件個案都秉持原則，動用其策略與戰術去達成各項目標，

而且一向堅守著以終為始的心態。為微軟效力開啟了我的職業生涯，為我個人帶來深遠的影響。

微軟對於每項行動做出的行為即使不足掛齒，卻都符合各項策略目標。我剛進微軟時，適逢公司準備推出第一款整合版本的套裝辦公室（Microsoft Office）應用軟體。當時所有行銷宣傳品都不提「桌上型電腦生產力應用程式集」（desktop productivity applications）這個老掉牙的名稱，而使用了「整合型辦公室套裝軟體」。

微軟從長計議，將其視為轉變產品類別過程中的一環，並著重強調辦公室套裝軟體將是新類別的開路先鋒。

我觀察著微軟條理分明地整合優異產品的方法，並如何搭配同樣傑出的產品行銷策略，使當時兩大競爭對手 WordPerfect 文書處理軟體和 Lotus 1-2-3 電子試算表鎩羽而歸。在此之前數年間，這兩大頂級競爭對手似乎堅不可摧，他們的落敗關鍵在於聚焦功能開發，而忽略了打造更弘大願景的產品和行銷。

當業界少數公司開始專注稱為「全球資訊網」（World Wide Web）的新生產物時，我成為微軟辦公室套裝軟體團隊的產品經理。

無論如何，當時正改變科技業賽局的並非微軟公司，而是商用網際網路瀏覽器的研發鼻祖網景公司（Netscape）。網景對微軟構成重大威脅，以致於比爾・蓋茲發給全體員工一則電子郵件，表明網景是當時唯一的重要競爭對手。

在收到那則電子郵件之前，我早已接受網景公司提供的產品經理職位。微軟合乎情理地要求我立即收拾東西走人。

《時代》雜誌封面的赤腳男子

父母無法理解我為何離開傳奇的微軟公司、加入馬克・安德森（Marc Andreessen）創辦的網景。馬克・安德森曾為《時代》（Time）雜誌封面人物，封面中的他赤裸雙腳、坐在鍍金的寶座上。

到網景工作時，我期望這家公司在策略上能與深謀遠慮的微軟公司分庭抗禮。然而，如果微軟是擅長指揮與控制的老爹，網景可說是奉行自由放任政策、菸不離手的大叔。網景總能在一夕之間構思出新產品或新方案，然後立即發布新聞稿。接著，團隊馬不停蹄地落實。

網景沒有正式的產品發布流程，也沒有任何做事標準。這對我來說是全然的文化衝擊。不過，我首度體驗了現代產品團隊運作的基本原則。我穿梭於由我領導的產品管理團隊和產品行銷團隊之間，得以與許多被賦權、可以推行實驗與創新的工程師共事。

我們捨棄傳統的進入市場管道，善用網際網路直接將產品配銷給用戶，這在當時是一項嶄新的創舉。我們的「每款產品」都有公開的beta 測試版本，在當年也是一個新穎的點子，而且公測版具有符合市場最低限度需求的功能特性，所以能夠及早開創產品口碑，以及創造群眾外包的產品品質（crowd-sourced quality）。

儘管我對策略的價值瞭若指掌，仍在網景公司學習到，自由放任政策下的發現能夠啟迪無人能預見的創新和市場流通速度。這是遠為活力充沛、以破頂和破底（higher highs and lower lows）來打造公司的模式。

我也在網景見識到，創新的想法如何催生新創公司。

成功形塑市場

班‧霍洛維茲（Ben Horowitz）是網景公司最受尊崇的高階主管，他後來和馬克‧安德森、提姆‧豪斯（Tim Howes）及李仁錫（Insik Rhee，音譯）共同創辦了新創公司 Loudcloud（後來稱為 Opsware）。這是全球第一家網際網路服務公司，問世於世人還遠未能了解網際網路的時期。

回顧 1999 年，當時以網際網路為基礎的服務還是個極為新穎的想法，而且沒人能夠預先洞察，到了 2021 年，網際網路資料中心已經占 95％的雲端流量。❶ 雖說願景早已成形，然而相關的網際網路基礎設施建構和各項服務──不論當時自動化軟體發展到何種程度──依然代價不斐，因此無法以具有成本效益的方式實現。

在擔任班‧霍洛維茲的幕僚長和領導產品行銷團隊期間，我領略了公司發展及開創新類別產品的各種限制。我學習到，即使有最卓越的智力、願景與計畫，如果一切必要的市場要素尚未到位，則不足以成功締造新局。

如何應用本書

離開 Loudcloud 後那些年，我開始從事產品行銷顧問工作。我在谷歌和 Atlassian 軟體等公司的工作坊教導學員，還於柏克萊加州大學開課，向工程碩士班學生講授行銷與產品管理。

---

❶ https://newsroom.cisco.com/press-release-content?type=webcontent&articleId=1908858.

我每天在創投公司 Costanoa Ventures 與形形色色的初創期新創公司一起實踐產品行銷法，並且見證諸多新創公司被收購和首次公開募股（IPO）。我透過數以百計的公司觀察著產品行銷的實作方式。

經由這一切，我領會到：大多數公司的產品行銷方式與頂尖公司的產品行銷法截然不同。根本原因在於，大多數公司誤解了產品行銷；正確理解產品行銷是行銷任何科技產品最根本的工作。

是的，行銷最渴望促成廣大的銷售管道和擁有人見人愛的品牌，其關鍵不在於做更多的行銷工作，而是實現**更優質的產品行銷**。

藉由了解產品行銷如何形塑行銷策略其他層面的根基，本書邀請讀者重新思考科技產品的行銷方法。我們終將需要優秀的人才來做好行銷工作，不過強效的產品行銷實質上可由任何具備正確能力和心態的人來實踐。因此本書是寫給任何職位的產品或行銷相關工作者。

在本書第 1 篇中，讀者將認識美國中西部一位寫程式快手，看他如何應用產品行銷基礎要項打敗矽谷的代表性人物。然後，我將深入解說如何實際操作。

我們將在第 2 篇探索產品行銷的角色和流程。你將領悟產品行銷人員的理想資歷，以及他們與其他角色建立最佳夥伴關係的方法。我也將探討一些關鍵的任務和技能，例如：發現產品與市場適配的方法，這對於產品行銷工作的成功事關重大。

在第 3 篇和第 4 篇裡，我們將深入探究策略，以及關鍵但很難做對的產品與市場定位工作。我將介紹一些適用於各種公司規模和發展階段、能始終如一地提供改善框架的工具

第 5 篇聚焦於領導力和組織在產品行銷上面臨的各種挑戰：如何

領導、雇用與指導產品行銷人員，以及在公司不同發展階段和事業轉折點調適整體的目的。

我的著作有一個重大假設：如果不是優異的產品便無法成功進入市場。如果你還沒有那樣的產品，請參閱馬提‧凱根的《矽谷最夯‧產品專案管理全書》。該書專注地闡釋如何打造人們喜愛的各種產品。

然後，當你備妥能在市場令人愛不釋手的產品，請再繼續讀完本書。

第1篇

立穩根基：了解產品行銷基礎要項

第 1 章

當大衛打敗巨人：產品行銷為何重要？

　　馬可・阿蒙德（Marco Arment）具備矽谷卓越人士獨一無二的特質。他曾是多產的產品開發者、每月點閱數超過 50 萬人次的微部落格網站 Tumblr 首席工程師和科技長，這網站後來被雅虎（Yahoo）公司以逾十億美元現金收購。而且，在播客（podcast）風潮來臨之前，他的播客節目早就炙手可熱。

　　他創辦的 Instapaper 也令科技新聞媒體著迷不已。Instapaper 因其能夠儲存網頁以備用戶日後讀取的功能而膾炙人口，彷彿 Instapaper 是唯一具備這種功能的應用程式。

　　大約在同一時期，美國中西部自學有成的寫程式快手奈特・韋納（Nate Weiner）也發現，人們想把社群媒體或網站上瀏覽的文章儲存起來以便日後閱讀，於是他創造了 Read It Later 應用程式讓用戶得償所願。

　　他女友俐落地為程式提供視覺設計，其雙胞胎兄弟則給予編碼上的協助，然後在短短幾年內 Read It Later 愛用者即達到 350 萬人，約為 Instapaper 用戶的 3 倍，累積數百則使用者評論，而且大多對它讚不絕口。然而，報導出色生產力軟體的科技新聞仍舊一味吹捧 Instapaper。

後來，蘋果公司在全球開發者大會（World Wide Developer Conference）宣布，為自家瀏覽器內建閱讀列表（Reading List）功能，此舉無疑是肯定了奈特的應用程式符合大眾需求，還在推特引發短暫的熱議，有些人甚至宣稱 Read It Later 此後將難以為繼。

Instapaper 則是堅持到底，偶爾還會添加一些新功能。在創立三年後，馬可把 Instapaper 售予新創育成與創投公司 Betaworks，從此失去成長活力，最終其殘存部分更數度易主。

與此同時，Read It Later 的品牌更名為 Pocket，並接連囊括近乎一切指標性獎項，還被整合進數百種應用程式中，更數度獲得創投資金挹注，達到所有外界認為的成功標準。當 Pocket 被開發火狐（Firefox）瀏覽器的 Mozilla 公司收購時，用戶數已經達到 2,000 萬。

在這場產品類別之戰中，奈特及其小團隊如何打敗宛如巨人的馬可及 Instapaper？

儘管奈特團隊裡沒有「產品行銷專員」這個頭銜，但他們整體專注地秉持「產品行銷」心態，而不只是聚焦於打造產品。

他們致力於這些事情：

1. **分享有關消費者行為變化趨勢的資訊**。透過公司的部落格分享意想不到的趣聞，例如：人們最常儲存日後觀看的 1,000 部影片平均時長 30 分鐘。他們也告訴媒體，隨著行動裝置無所不在，人們儲存日後閱覽的數量爆炸式增長。團隊藉此推廣以顧客和市場為中心的觀點，而非只是促進以其產品為核心的見解。

2. **將產品的目的與更廣大的趨勢連結起來**。他們著手比較自家產

品與帶動類似轉變的產品，例如：Dropbox 怎麼改變檔案分享方式；Netflix 如何轉換電視觀看體驗。團隊將產品連結到任何時空背景的全球大趨勢，並且宣示「我們為網際網路內容效力。」他們還研發應用程式介面（API），讓任何程式都能集成「儲存備用」功能，從而使自家產品成為業界標準。

3. **品牌重塑：從 Read It Later 到 Pocket**。這項策略決策旨在使世人認清，Pocket 的功用遠超越儲存文章的功能。Read It Later 第四版釋出時，變更了產品名稱來展現關鍵的差異化優勢，定義哪些內容對他們這類產品很重要，例如：儲存影片和圖像的功能。

4. **從售價 3.99 美元變成免費軟體**。當客群尚未體認到產品價值時，很難讓人掏錢買產品。奈特在官方部落格發布了產品改為免費的訊息，同時解釋公司如今已經轉型為創投資金支持的新創企業。此舉有助於在公司大幅變革之際強化奈特與 Pocket 用戶之間的互信關係。

5. **分享「為什麼」和增進各種觸及影響力人士的管道**。在發布任何新版本之前，他們首先確保最具影響力的產品傳教士——新聞界、專家、超級粉絲——掌握各項嶄新優化背後的「為什麼」，以此賦予各種新功能更多的意義。

就像許多打造產品的人一樣，奈特最初的直覺是，要擊垮 Instapaper 必須增添更多功能、推出更優質的產品。Instapaper 就是在固定思維慣性下維持其業界寵兒的地位。然而，儘管提升產品事關重大

（他們不只重塑品牌，還大舉重新設計產品），如果沒有賦予產品意義的市場環境，那麼也只是在應用程式氾濫的世界製造更多噪音而已。

像 Pocket 這樣的故事在科技業界屢見不鮮，其競爭對手往往較為強大或更具知名度。他們的產品團隊擔心公司沒沒無聞、潛在客群無法領會其產品價值或重要性。這促使他們努力打造更多出色的產品，以及闡明自家產品為什麼比別家優質。除了創造卓越的產品之外，同樣重要的是，為產品進入市場全力以赴。我們一定要在市場發揮集客力（traction），這是衡量每款產品成功與否的終極方法。我們尤其要認清哪個市場適配、最佳的打入市場途徑，以及誰必須說什麼或做什麼才能讓產品獲得顧客信賴。

這就是產品行銷人員職責所在。

何謂產品行銷？

產品行銷目的在於，藉由契合商業目標的行銷策略與行動形塑市場認知，從而促進產品銷售。這是必不可少的事情。誠如 Pocket 團隊發現，如果產品沒有明確的定位與清晰的目的，競爭對手及市場動態都將不利於你。

產品行銷為一切面向市場的活動帶來策略目的和攸關產品的洞察。產品行銷使整個進入市場的經濟動能（行銷與銷售）具有一個協調一致的致勝方案，並提供給行銷與銷售團隊成功所需的一切基礎。產品行銷不可或缺，其涵蓋了從實現用戶目標到主導產品類別的一切事務。我們檢視上述 Pocket 團隊致力的工作清單可以看出，為何即使他們沒有直接談論產品，仍然能夠透過一切作為來建構產品價值。

產品行銷也包括與產品開發團隊合作，好做出更能提高市場對產品接受度的決策。雙方的配合可能涵蓋優先考慮某項功能、製作文宣來重新應對競爭對手等。當 Pocket 在部落格發布有關人們最愛儲存的影片貼文時，他們凸顯了競爭對手 Instapaper 沒有這項功能，並強調這是優異的同類產品必備功能，而且完全沒直接提到自家產品。

產品行銷極其講究策略，同時也十分講求戰術。進一步說，產品行銷遠遠超越創造產品宣傳材料、銷售賦能（sales enablement）和管理產品發布流程。然而，一般人常誤解產品行銷人員只要做好這些事情就行了。

很遺憾，有太多人抱持這樣的看法。我認為，做好那些事只是產品行銷理應發揮的功能，並不足以闡明產品行銷的目的。我寫本書是期望讓產品行銷工作重新聚焦於目的：以經過深思熟慮擬定的方法來槓桿出種種產品投資效益，促使進入市場策略能夠達成各項商業目標。

我們必須闡明產品行銷的意義才能做好相關工作。讓我們從產品行銷四大基礎要項著手，因為一切關鍵作為都與其息息相關：

1. **大使**：把攸關客群及市場的各項洞察連結起來；
2. **策略家**：領導產品進入市場；
3. **說故事的人**：形塑世人對產品的想法；
4. **產品傳教士**：促使他人傳播你的產品故事。

我將在第 1 篇稍後深入闡釋這四大基礎要項，並說明如何在這些工作上精益求精。

為何當今產品行銷左右進入市場的成敗？

在敘述這一切時，我刻意使用產品行銷功能這個說法，而不說產品行銷者的角色。奈特和 Pocket 團隊的故事顯示，只要有能力的人樂意全力以赴，就有可能實現優異的產品行銷。奈特及其團隊在學習與運用產品行銷四大基礎要項上著實不同凡響。

並非所有公司都有人願意或有能力從事產品行銷，即使沒有完備的傑出產品行銷團隊，我們還是能夠做好產品行銷。然而，這並不意味你不需要產品行銷人員，畢竟高效的產品行銷專家始終能提升最終結果。請記得，不要拿沒有相關人才當藉口，而不善用現有人員來推動產品行銷，因為做好產品行銷從未像現在這樣急迫且至關重要。

當今的研發工具（開放原始碼、一切雲端服務）與方法，正以飛快的速度擴展所有產品的前景。舉例來說，行銷技術（marketing technology）類別最初出現那年，約有 150 家公司推出相關產品，而九年後已經有逾 8,000 家企業加入戰局。蘋果公司應用程式商店開張時僅有 500 種軟體上架，如今已經有逾 500 萬應用程式。應用程式介面經濟（API economy）、第三代互聯網（Web 3.0），以及產品主導的成長方興未艾。搜尋引擎與科技巨擘為客群提供主要入口，讓大家能夠查找幾乎所有產品的資訊。社群媒體不僅影響用戶的觀點，更吸納了無數影響力人士，其數量至少比全球記者人數多 100 倍。

許多產品具有各種相似的功能，而且宣稱的效用大同小異。產品訂價通常無助於形塑產品價值，畢竟類似的產品可能售價天差地別，其中的原因並不明顯。互信關係和口碑對於決策過程的影響空前重要，

甚至連主要供給企業的軟體產品也是如此。讀者可以想像一下，潛在客群將多麼難以駕馭現代的決策過程。

除非整個進入市場的經濟動能全面協調一致，而且產品有很明確的市場定位，否則任何一款產品都無法脫穎而出、大發利市。這就是產品行銷事關重大的原因。

產品行銷適用於何處？

關於行銷（整體的功能）與產品行銷之間的差別，大多數人都很困惑。顧客的體驗旅程從來不是直線發展：他們先是體認到問題，然後一頭栽進資訊洪流中，最終可能在某個時間點抽身去嘗試、購買產品或進入銷售流程。

在這個體驗旅程中找到客戶且適時以正確訊息觸及客戶，並使他們樂意考慮公司的產品，屬於**行銷**工作；將潛在客戶轉變為買家、把產品售予他們，則屬於**銷售**工作。

當今的行銷團隊不乏各種專家，他們有能力擴增訊息能量、調度各式活動，以及管理與執行各自領域的各種專案，有很多人致力於企業行銷的盛大活動，包括創造需求、數位和網路研究、廣告、營造社群、創發內容、連結影響力人士及社群、與分析師合作、行銷運作、公關、行銷傳播、建立品牌。行銷管道涵蓋的範圍極其廣闊，書末我會提供一份附錄，專門用來闡明這些管道。公司規模愈大，則行銷工作愈複雜，而且行銷將轉變為多層次型態。

行銷專家必須借助產品行銷團隊才能善盡職責。產品行銷人員界定產品推廣應該強調的層面、目標客群及其關注產品的原因，還有哪

些行銷管道最重要。他們是各產品組織之間的橋樑，並確保進入市場經濟動能所推進的行銷與銷售活動，以及最終可以產生商業影響力。

　　本書第 2 篇將深入探討產品、行銷和銷售團隊相互配合與溝通的細節，以及使其夥伴關係產生預期結果的最佳實踐方法。第 1 篇的其他章節則進一步聚焦於闡釋產品行銷四大基礎要項。

　　勤於演練能使你明瞭產品進入市場的目的。你也可以說，這就是產品取得巨大成功的公司與一般企業不同之處。關鍵在於打造強效的產品行銷基礎，本書將向你揭示實踐的方法。

第 2 章

產品行銷四大基礎要項

　　你有否留意到，使用 Word 時，打錯的字下方會自動出現一條紅色的波浪底線？

　　這始於微軟高階主管團隊的要求。當新版視窗作業系統發布時，所有應用程式務求同時推出最新版本，導致 Word 團隊的研發時間被砍半，這意味著，我們只能更新先前版本的一小部分功能。

　　當年正處於產品功能競賽的巔峰時期，產品盒上強調的數百項新功能往往被視同產品價值。然而，那時我們的新版 Word 不但功能大減，而且大多數功能不足以改變既有遊戲規則，只是巧妙地強化原有功能的版本。這輕量改版如何讓人覺得是款有價值的成熟產品？

　　在團隊集思廣益的過程裡，有位產品行銷人員拿出一份產品團隊儀表分析研究報告，內容分析了數百位用戶在 Word 打字時按的每個鍵。接著，他指出原先計畫強化的功能可區分為兩大類：

1. 大多數人大部分時間會用到的功能，例如：選擇文字的字型；
2. 一般較少用到的功能，例如：項目符號列表，不過也有一些人

常使用它。

這使我們靈機一動，我們可以**專注在大多數人使用 Word 時最在意的功能**，從中構思新版本的故事。

在那段時期，會見新聞記者和分析師事關重大，畢竟他們的一篇評論就足以定奪某項產品多年累積的聲譽。因此，產品行銷人員專程親自拜會這些有影響力的關鍵人士和專家，向他們展示自家產品。

一般來說，這些會面場合大多以製作精良的 PowerPoint 簡報揭開序幕。然而，產品行銷團隊捨棄了慣用做法，改採形式自由的白板（參照圖表 2.1）來分享資訊、與聽眾對話。然後，產品行銷團講了一則故事，描述一位平凡的辦公室員工如何用 Word 完成日常工作，藉此來示範產品的使用方法。

圖表 2.1 白板簡報

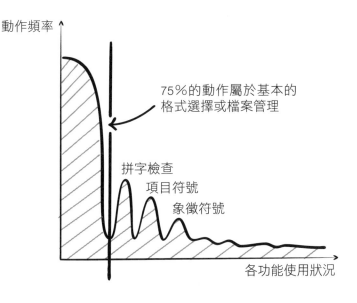

動作頻率

75％的動作屬於基本的
格式選擇或檔案管理

拼字檢查
項目符號
象徵符號

各功能使用狀況

他們講述的故事內容大致是：

75％的 Word 用戶只使用基本功能的格式選擇和檔案管理。所以我們聚焦於這範圍內的各項功能，促使每位用戶都能從中受益。當我們檢視各項功能如何被實際運用時發現，某些功能雖然很少人用，但用得到的人卻很愛用。這使我們領會到，那些功能價值很大，用戶卻往往未能輕易地找到它們。最新版 Word 為使用者完善了這些功能，讓大家無須改變工作方式即可體驗其價值。

這裡讓我舉一個恰當的實例：拼字檢查。這項功能在後台運作，會自動將用戶打錯的字以底線標示出來，無須他們再去按拼字檢查鍵。

當時《華爾街日報》（*The Wall Street Journal*）記者暨全球最著名的 Word 評論家華特・莫斯伯格（Walt Mossberg）提問說，為何新版 Word 要凸顯錯字這個功能。於是，我們不只讓立場向來堅定的他閱讀研究報告，還把一位使用 beta 版的女性愛用者對此功能讚不絕口的電子郵件轉寄給他。

他的評論文章最終出爐時，甚至連我們都感到驚訝。

「歡迎閱讀本週 colum 文章。等一下，我打錯了。我是說本週 column（專欄）文章。這樣才對。我用來寫作的文書處理軟體注意到了這個錯字，並且立刻用紅色波浪底線把它標示出來……關於新版 Word，也被稱為 7.0 版，微軟公司著重於一些小而巧的改善來自動化和強化書寫過程，比如說前面提到的拼字檢查，還有優化的自動校正功

能。它也能幫你變更項目符號列表裡的星號或字元符號,以及調整縮排和對齊方式……還有一個模擬黃色螢光筆的功能……整體而言,我的看法是,這些新功能使原已卓越的文書處理器更上層樓。Word 依然是市面上最優質的書寫工具。」❶

我們依據用戶實際行為來架構產品功能,並且透過不太正規方式呈現產品功能的背景脈絡,結果卓有成效。7.0 版成為 Word 截至當時評價最好且最成功的版本。

微軟的產品行銷團隊與產品團隊協力合作,確立了引人注目的產品定位,帶頭在市場為 Word 攻城掠地:協調產品發布流程、創造銷售工具、備妥客群評價資料、影響訂價、提供產品評估的機會、備好回應競爭對手的工具、教育各行銷管道夥伴,以及跟直接負責行銷與廣告的團隊一同舉辦各種引人入勝的活動。

請記得,這些是產品行銷的工具,而不是目的。這一切旨在經由積極的策略性產品行銷活動形塑市場認知,以促進產品銷售。

Word 產品行銷團隊使產品進入市場、設定類別標準這兩件事有所差別。團隊專注地將一切作為對齊產品行銷四大基礎要項來達到此成果。他們扮演**大使**角色為各種攸關客群、產品和市場的洞察穿針引線,使得**故事**能以抓人眼球的方式呈現,從而讓產品有了明確的定位。這為各項產品行銷活動和工具奠定了基礎,讓其他人也能透過一切進入

---

❶ Walter Mossberg, "Personal technology: Word for Windows 95 Helps Sloppy Writers Polish Their Prose," *Wall Street Journal*, October 5, 1995.

市場的經濟動能來**傳播產品福音**。所有事情都在清晰的**策略**指引下進行，而重中之重是使新視窗作業系統的發布得以借力使力。

接著，讓我們來深入探討產品行銷四大基礎要項，闡明其涵蓋的活動範圍和使其完善的方法。

基礎要項 1. 大使：把攸關客群與市場的各項洞察連結起來

產品行銷者的一切努力都以攸關客群和市場的各項洞察為基礎，這是大使的角色功能被列為首要項目的原由。產品行銷人員將此專業能力應用在產品進入市場的方法。大使不僅要了解產品能解決哪些問題，還要清楚產品的目標客群。關鍵在於處在任何情況下，都要對市場和客群具有洞察力。

產品行銷工作範圍涵蓋區隔客群、領略促使人們尋求新產品的各種挫折感和問題、勾勒出他們成為客戶過程中所採取的步驟。產品行銷人員必須明白什麼能使顧客成為死忠狂粉，更要了解能夠創造影響力或擴增影響力人士的「水坑」（watering holes）進攻法。這意味著，領會哪些活動能同時激發現有顧客與未來客群的興趣。

產品行銷人員也應該掌握對顧客更有用的產品進階知識。產品團隊必須明確知道客戶為何選擇使用或購買自家產品。產品行銷人員理當提供有關客群思維框架的知識，使人理解競爭環境可能如何影響某項決策，還要讓人清楚產品定位的意義。

這需要質與量兩方面的知識，以及與產品、洞察和研究團隊共同

全力以赴。成功關鍵在於領悟目標客群如何思考和行動，然後在產品進入市場的過程應用所學。

基礎要項 2. 策略家：領導產品進入市場

如何讓一切著眼於市場活動產生的影響？我們理應擬定清晰的產品進入市場計畫，而且相關策略要直接與各商業目標校準一致；活用各項策略來指導各種戰術行動。有效的產品進入市場策略必須闡明應該採取**什麼特定行動、行動時機、緣由及行動方法**。

產品行銷者考量客群渴望某項產品的起因，以及他們用哪些方法找到產品，然後提出相應的計畫。他們思考，顧客是否仰賴社群好友獲知最新資訊？是否主要借助網路做研究，而且喜好親身嘗試新科技？

正如產品經理藉由探索技巧來確認產品的價值（valuable）、可用性（usable）、可行性（feasible，技術上可行）和可營利（viable，商業上可行），在產品行銷過程裡，唯有對潛在客群嘗試各種解決方案，才能發現各個產品進入市場層面的訣竅。例如：某家公司可能不清楚提供試用產品能否有效促進銷售成長。這無疑是代價高昂的投資，然而現今產品進入市場的模式不可計數，我們不能不做試驗就逕自假設何者是最佳模式。

也就是說，確認強效的產品進入市場策略是一個迭代的過程。我們確立各項經過規畫或見機行事活動背後的目的，然後深思熟慮地落實。我們不斷地學習，然後應用所學去持續完善產品進入市場方案。正常來說，總會有些事情行不通，產品進入市場計畫應該保有足夠彈性的實驗和容錯空間。

因此，我們必須具備策略知識和學習思維，才能確立進入市場策略從而敲定所有相關活動。

基礎要項 3. 說故事的人：形塑世人對產品的想像

沒有一家公司可以直接掌控有關自家產品的一切意見。然而，基本的產品定位工作能夠強勢地形塑世人對於產品的想法。

產品定位就是產品在人們心中占據的位置。這行銷方法為產品設定脈絡，使其價值變得更加明確。行銷和銷售團隊日復一日地傳達關鍵訊息來闡明產品定位，以及強化產品在人們心中的地位。故事涵蓋層面愈廣泛，愈有助於鞏固產品在大眾心裡的位置。

定位是長期賽局，而傳遞產品訊息則屬於短期競賽。想要同時在這兩項賽事取勝，我們需要恆毅力（發現什麼行得通）和耐心（在此基礎上建構結果）。關於產品定位，每種行銷活動都能強化定位，而確立衡量產品與類別的標準是關鍵之一。至於傳遞產品訊息的工作，涵蓋範圍包括以迭代方式發展、連結目標客群的訊息，以及幫助人們將種種資訊納入考量以便做出更明智的決策。

現今，這行為意味著真正對顧客有益，又不致過度促銷或顯得專橫。這過程需要自我克制和了解什麼對客群最富意義，而非總是試圖道盡一切。人的大腦處理故事和處理簡明事實的方式截然不同。定位產品和傳達訊息的最佳方式是說故事，包括員工、客戶、產品或公司故事，這就是為什麼產品行銷人員應該擅長講述整合一切重要訊息的故事。

基礎要項 4. 產品傳教士：促使他人傳播你的產品故事

說故事的另一個好處在於，其他人也能輕易地朗朗上口。當今高度競爭的環境意味著，我們妄想不靠口耳相傳也能讓產品熱銷。

另外，產品傳教士唯有賦予權威才能發揮效用。想實踐這一目標，必須提供直接銷售團隊正確訊息與工具，使銷售人員如同真心支持產品的宣傳者，而非試圖推銷產品的業務。

傳播產品福音也意味著，找出最具產品意義的影響力人士，包括關鍵客群、分析師、專家、新聞記者、部落客、社交界意見領袖、線上論壇，並用故事和證據啟發他們，使他們擁護你的產品。你將從無遠弗屆的數位世界裡的各式評論、媒體文章、分析報告、論壇交流、開發者通訊平台、社群媒體平台及實體世界的一切事件，見證產品傳教士的工作成效。

任何事業要健全發展都得仰賴行銷這個有機飛輪高效運轉。這是公司在擴大市場足跡上唯一具有成本效益的做法。

接下來四個章節我將透過一些故事進一步探索四大基礎要項，讓你們了解這些要項和各式技巧如何協助產品行銷人員。

第 3 章
大使：把攸關客群和市場的各種洞察連結起來

當茱莉・赫倫登（Julie Herendeen）在 Dropbox 擔任全球行銷副總時，他的團隊自認對客群瞭如指掌。他們自信地認為，依據所有數千萬用戶的資料，可以把客戶區分成兩大類：行為類似微企業的消費者、具有諸多業務需求的大型公司，並且能夠按照二者相應的需求來做行銷。

赫倫登相信，對於整個團隊來說——不光只是產品行銷人員——至關重要的是整理好公事包、走出辦公大樓，到用戶家裡或辦公室實地客訪。他要求團隊專注於了解客戶力圖完成的工作，以及他們各項選擇背後的動機。

不久之後，他陸續接到團隊成員致電說，「太棒了，我學了很多！」或是說「從用戶資料根本看不清這些事情。」當他們仔細研究實地客訪所得到的訊息後，終於領悟到過去的種種假設沒抓到重點，無助於理解客群為何看重 Dropbox 的價值。

即使是小企業，在規模大的業務上也需要輕鬆的協作方法，例如：製作公司與客戶分享每天拍好的影片，而 Dropbox 讓用戶如願以償。

登門客訪也能揭示關鍵顧客渴望的產品感受。Dropbox 用戶十分

珍視以自己想望的方式自在地與自己渴求的人合作。這些細緻入微的洞察有助於赫倫登團隊闡明必須應用哪些與眾不同的行銷方法。他們據此轉換了傳達訊息和行銷的管道，並且推出全新的廣告活動。

赫倫登團隊的經歷確切地說明，何以連結攸關顧客和市場的洞察是產品行銷的第一基礎要項。深入了解客戶的體驗使整個行銷團隊獲益良多。

現代業界低估了顧客和市場的多元層次與細緻入微程度，也普遍忽視真正了解客戶及市場所需的時間和努力。

市場感知

市場與客群絕非毫無差別的單一群體。然而，人們通常將其概括到一些廣泛普遍的類別，例如：小企業。現今，產品進入市場計畫不僅要懂得客群需求的細微差異，更必須了解顧客考慮產品的整個旅程，例如：他們正使用什麼產品、拿哪些產品來跟你的產品做比較。

以下是產品行銷實務上連結客群和市場實況的一些基準：

- **直接和客戶互動**，以每週互動最為理想；
- **發展一套標準的開放式問題**來詢問顧客或潛在客群；
- **反思產品的各種洞察**，與產品進入市場團隊討論；
- **寫出最重要的洞察**，方便活用及分享。

由於每個市場都已經飽和，甚至有時在鄰近空間裡存有數千家公司，要明確界定客群及了解他們尋找產品的旅程，實質上難度極高。

為了掌握人們實際的行動、所使用或重視的產品，我們理應在現實場景中驗證各種市場假設。

這項工作必須透過顧客探索（customer discovery）來落實。我們必須像探索產品那樣，探究產品與市場適配的市場層面。市場適配並非產品行銷的唯一職責。產品團隊裡每一位成員（產品經理、設計師、研究人員）和進入市場經濟動能（行銷與銷售團隊）都能探測市場並從中學習受益。

然而，並非所有攸關顧客的洞察都有助於開拓市場。產品行銷人員負責確定哪些關鍵的學習成果能幫助產品開發和進入市場團隊完成工作。某項洞察能否有助於團隊決定接下來該說或做什麼？如果答案是肯定的，那麼它就是具有加乘效用的洞察。如果答案是否定的，那就把它歸檔備用。強效的產品行銷人員能幫團隊專注在關鍵事物上。

產品行銷人員應該試圖解答與產品感知（market sensing）有關的問題，並理解這些問題在買家的整個購買旅程中代表的含義，產品感知同時包括一些理智層面和情感層面的動機：

- 他們企圖做什麼？
- 是否認知到問題並且列為優先處理事項？
- 出於何種動機去解決問題？
- 什麼促使他們採取行動？
- 產品的哪個層面能實現最多價值？
- 誰最可能珍視並購買我們的產品？
- 是什麼啟動了他們採用產品的旅程？

- 在整個過程中，顧客如何發現產品並成為他們渴求的東西？
- 如何減輕他們在獲取產品的旅程裡遭遇的阻力？
- 人們必須看見或聽到什麼才會成為顧客？
- 如何取悅客戶並使其願意向他人推薦我們的產品？

雖然上述各項問題能讓我們獲知產品進入市場各層面的資訊，但在一開始時，這些答案通常不會很清晰或完整。學習市場就如同學習產品一樣，是一個動態的過程。我們從提出合理的假設著手，並在市場上套用一切工具：網站、電子郵件、銷售話術，反覆不斷地尋求問題的好答案，同時我們也會根據所學來調適策略。

本書第 11 章將進一步探討，如何善用一些技巧來具體深化有關顧客的洞察，例如：如何訪談客群、如何亦步亦趨地進行業務拜訪，或如何槓桿出不斷推陳出新的行銷、銷售賦能工具及產品分析工具的效益。

第三方洞察

市場是由遠超越各團隊直接觀察到的洞察形塑而成，深受周遭生態環境所影響。因此，我們必須時常透過第三方資料、研究、報告、文章、網站、評論、新聞報導和社群媒體來獲取深刻見解。第三方內容的好處在於，為我們揭示競爭層面的各種洞察，而且也是體察公眾認知的絕佳途徑。

隨著時間推移，谷歌搜尋統計可以呈現某組關鍵字相較其他字彙，更能確切地找到一些相關內容的自然趨勢。在嘗試深入地評估受

眾會參與的主題時，可以在內容服務網站查找那些人氣最高的的主題內容。

如果你在一家成熟公司任職，可能幸運地擁有一支專門形成客群洞察、做顧客研究或分析客戶資料的團隊。這是獲取市場與客群知識饒富意義的捷徑，理當善加運用！

產品行銷人員的職責在於，把我們從顧客直接回饋、自第三方所學到的知識融會貫通，並將其應用於內部對話，然後據此指引產品入市方法。

當 Pocket 最初還稱為 Read It Later 時，儘管用戶較多、大部分人也很支持這個平台，卻不認為他們是所屬類別的領導者。當時他們的挑戰在於，將公司生態系統的認知轉向各種現實：在當時，他們已經屬於大環境中用戶行為轉變的一環，而且享有更多的用戶支持；讓客群知道這些資訊，與說服顧客接受產品價值截然不同。依據客群和市場相關洞察來應對市場挑戰是產品行銷人員的職責所在。

競爭

沒有人會低估環境變遷導致的競爭影響，競爭對手改變市場形勢所造成的衝擊往往令各家公司措手不及。以下是一些真實的案例：

- 某市場競爭者在不更新產品、調整銷售流程的情況下，與對手正面交鋒贏得更多生意。
- 尚未推出任何產品的競爭者頻繁、也擅長發表自家公司對某項問題的解決方案。如果有人在網路上搜尋相關問題，會看到他

們提供的解決方案出現在搜尋結果的最頂端。換言之，在產品上市之前他們早就被視為市場領導者。

- 某公司針對相近的產品類別舉辦行銷活動，推廣該類別領導者欠缺的產品功能，使類別領導者手忙腳亂地透過銷售團隊和公共論壇回應，此舉容易顯得對手力圖迎頭趕上，儘管領導者早在該類別市場引領風騷。

在上述例證中，那些公司都沒有改動產品，然而市場的現實形勢卻大幅變化。你不可以讓競爭者主宰自家公司的行動方向，也不能忽視他們形塑人們認知的強大力量。

儘管如此，切記不要過度回應。如果過度回應對手的議題，而未能專注於對客群和市場最好的事物上，公司將迷失方向。在這方面，產品行銷端的回應可以、也應該比產品端的回應更有力道。

用挑戰來應對挑戰。在能夠致勝的時刻擊敗競爭對手，但應該將其視為對弈棋局，別只是回應對手，更要占得先機。產品行銷有助於公司維持最重要的產品進程，以及判斷什麼事情值得應對。

各式洞察的大使

產品行銷人員是客群和市場洞察的大使，因此必須成為內部對話的一環。產品行銷工作可以強化產品的特色，或確保工程部門部落格貼文能夠減緩競爭對手進逼攻勢。產品行銷工作也主導產品、行銷或銷售環節的適當應對措施。

關於客群的種種洞察，有時會被解讀成顧客的各項要求，但二者

是截然不同的兩件事。當產品行銷人員提供產品團隊有關客戶或市場的洞察，最重要的是如實看待這些深刻見解：這是團隊基於市場現實條件做出明智決策的方式。至於洞察對產品優先順序的影響，則取決於產品經理。

客群的洞察也常被轉化為一些人造物（artifacts），例如：統整待完成目標任務故事集（job to be done stories，通常套用於產品）、人物誌（往往用於設計或產品）、理想顧客側寫（時常運用於銷售）和客群區隔（往往用於行銷），這些人造物各自有特定的功能和目的。

舉例來說，理想顧客側寫可能與待完成目標任務故事集有共通之處，但理想顧客側寫是用來確認客戶適配及其購買產品的可能性，由現有的實用技術、組織規模、可用預算額度、企業內部主導者等因素共同作用的結果，而這些都不會出現在待完成目標任務故事集裡。

產品行銷人員身為調和顧客與市場實際情況的大使，應該確保團隊知道那些驅動客戶與市場採用產品的最重要特性，並將其載入文件，如此團隊在工作上才能更得心應手。

市場及顧客的深刻見解能為行銷之火添柴加薪，只要掌握適當時機伺機而動，舉凡客群的日常生活體驗、新聞和潮流等，都可以成為行銷引擎的推進燃料。因此，深入了解客群與市場是產品行銷第一基礎要項，純粹屬於產品進入市場一切相關作為的根基。

第 4 章

策略家：引導產品進入市場

　　Pocket 4.0 版的發布，使規模不大的公司進入截然不同的發展軌道。奈特隨之成為創投基金資助的新創公司執行長。當團隊開會研商公司在 Pocket 4.0 版推出後的發展問題時，他拿著麥克筆在橫跨整面牆的白板上寫下 Pocket 5.0 版多項主要功能。和藹可親的科技長盯著白板問道，「我們如何使這一切功能成為關鍵？」

　　相較於分析師可以指定 B2B（企業對企業）公司當中的某一家為業界「領導者」，從而形塑其未來，像 Pocket 這種面向消費者（B2C）的應用程式公司，命運則取決於一般大眾。應用程式可能在一段期間炙手可熱，隨後逐漸銷聲匿跡。研發團隊需要能夠提振和擴展用戶興趣的方法，而且產品還要具備某種吸引媒體報導的特色功能，如此才能從無數競逐消費者關注的應用程式中脫穎而出。

　　奈特擠在唯一一間有窗戶的會議室裡，在白板上寫下 Pocket 行銷策略綱要：擴大忠實用戶基礎、界定和領導產品類別、善用夥伴關係來促進公司成長。根據這些指導方針，奈特的團隊一致認為，新版 Pocket 如果比照 4.0 版只在網路上發布，將不足以界定產品類別，也難

以提升 Pocket 對潛在夥伴的重要性。他們需要一則完整的故事來闡明，為何儲存網路內容日後閱覽能夠實現行動生活型態，而且對內容創造者的工作卓具效用。

公司內部提出一套稱為「口袋事務」（Pocket Matters）的解決方案。他們舉辦一場直接面對媒體和合作夥伴的 Pocket 5.0 版發布會，並在舊金山小酒館與 10 位 Pocket 用戶會面交流。奈特的簡報講述了這樣的故事：當人們能夠儲存網路文章日後再閱讀，長篇內容也將擁有狂熱的閱讀大眾，這就是 Pocket 至關緊要的原由。然後，他向世人引介 Pocket 5.0 版的一些亮點，公司還分享一個媒體資料包給記者們，當中概述了發布會公開的一切資訊，使得 Pocket 的合作夥伴、客群和媒體得以於發表會前後相互交流。

在新產品發布數個小時內，媒體興高采烈地給予關注，用戶躍躍欲試，合作夥伴的討論滔滔不絕。不到一個月後，奈特獲《時代》雜誌評選為 30 位改變世界的 30 歲以下人物之一。

這次發布會對公司的一切策略助益良多，不過公司主要目的還是在於界定和領導產品類別。明確的目的有助於他們做出更明智的進入市場決策，並獲得更好的事業結果。因此，產品行銷第二基礎要項是策略家深思熟慮地引導產品進入市場。

關鍵術語

綜觀全書，我陸續提及一組圍繞著進入市場和策略的概念，然而人們在現實生活裡對這些概念的理解往往不夠精確。為了使讀者掌握本書內容，在此我要解釋這些概念述語，以及釐清它們之間有何關聯。

我也將說明其他人如何談論這些概念來釐清可能令人困惑之處。

- **進入市場經濟動能（GTM engine）**，也就是行銷與銷售、進入市場策略（GTM strategy）。這是帶領產品進入市場的行銷與銷售體系總和。

  當規模擴大時，產品進入市場工具的選擇取決於經濟動能。由於行銷和銷售活動存在個別產品的進入市場範圍以外，因此我們不能擅自把「進入市場」這個術語與某個特定產品聯繫起來。在本書裡，我將使用進入市場經濟動能這個術語，因為它橫跨各種職能和各式組織，而且有助於避免與其他進入市場概念混淆。

- **行銷策略（marketing strategy）**，也稱為進入市場策略。它驅動進入市場經濟動能的各項行銷要素，例如：校準品牌、企業溝通、需求生成、促銷計畫等。這是公司行銷團隊全體負責的工作。

  就個別產品來說，行銷策略由產品行銷人員來推動，在產品進入市場計畫建立一致性，好讓各項特定活動的舉辦方式與日期能夠相互配合。對於多數只有一項產品的公司而言，行銷策略與產品行銷策略並無二致。

- **產品進入市場（product GTM）**。在 SVPG 的其他著作裡，進入市場意指特定產品進入市場。然而，本書是在公司更廣大的進入市場脈絡裡談論這個概念，因此當我探討一項特定產品的進入市場途徑時，將提及產品進入市場這個產品行銷獨特的責

任範圍。

- **配銷策略（distribution strategy）**，也稱為進入市場策略（GTM Strategy）、進入市場模式（GTM Model）、商業模式（business model）、採用模式（adoption model），是最令人感到困惑的行銷術語。它意指公司選用來使顧客購買產品的進入市場模式。某項產品進入市場可能包括一個或多個進入市場模式。成熟公司通常會調用多種不同的模式，包括：

  · **直接銷售（direct sales）**：銷售團隊是配銷的主力，做 B2B 生意的公司對於複雜和高價產品最常訴諸直接銷售。

  · **內部銷售（inside sales，或稱遠端銷售）**：顧客自助進入銷售漏斗（sales funnel），而且由電話或線上銷售員達成交易。讓客群自助進行購買決策的那些公司通常有一些較低價格點（lower price points）的產品，或是有較多的新顧客。

  · **通路夥伴（channel partners）**：利用獨立軟體販售商（ISVs）、附加價值經銷商（VARs）、系統整合商（SIs）、顧問公司、主要的區域配銷商、物流業者或其他從事配銷的科技公司進行配銷。這種銷售方式常用於高度複雜的產品，或是結合硬體的產品。

  · **直接面對專業人士／顧客（direct to professional/customer）**：有時客戶會自行透過某種配銷方式（應用程式商店、實體商店）購買產品，而且通常是在線上商店直接購買。

  · **試用或是免費增值（trial or freemium）**：免費試用可讓人認識產品，從而帶來顧客。如果客戶想使用一些特定功能，

或是試用期屆滿後想繼續使用產品，可以付費取得增值服務。某些採行這類模式的產品會從始至終都免費，使這些心滿意足的用戶日後有可能成為未來付費產品的傳教士。

- **產品導向式成長（product-led growth）**：透過產品本身來獲得顧客青睞或將人們轉化為顧客。這往往搭配其他進入市場模式混合運用。我把這些都稱為進入市場模式。當產品行銷人員建立產品入市計畫時，將借助進入市場模式的槓桿作用來配銷或鼓勵客群採用產品。

- **通路策略（channel strategy）**，也稱為夥伴策略（Partner Strategy）、行銷組合（Marketing Mix）。請參考上述內容以了解其用途。在行銷上，通路策略意指橫跨各種不同行銷管道的組合，例如：公關、活動、社群、數位支付或內容。為了達成寫作本書的目的，我後續會詳細說明通路夥伴（channel partners）或行銷通路組合（marketing channel mix）。

- **產品策略（product strategy）**。把各項產品目標和產品願景與個別產品團隊完成的工作連結起來。在產品行銷上，產品策略關鍵要項將驅動產品進入市場計畫，尤其是各項戰術的採用時機。

- **商業目標或目的（business goals or objectives）**。這些目標是公司渴望在一段期間內達成具體、可衡量的成就。在產品行銷上，產品進入市場的行銷策略理應緊密、一致地校準這些目標。

我期望上述內容能讓讀者們了解書中各項概念和用語之間的關係。

行銷策略在產品進入市場中的角色

如果沒有客群和市場的洞察，產品行銷人員無法善盡職責，同樣地，在弄清楚為何舉辦行銷活動之前，也不應該舉辦活動。產品進入市場計畫應該具備各種行銷策略，而且這些策略必須闡明所有著眼於市場的活動舉辦原由。

我們可以藉由策略聲明來建立一些防護機制，避免活動偏離策略。這可以使各種活動強烈地與各種商業目標協調一致，有助於各團隊明白各種點子是否符合策略，從而減少不會促進銷售的行銷活動。

除了必須闡明舉辦活動的原由，策略另一個重點在於釐清活動的舉辦時機。活動或戰術能否產生實質效果，取決於產品各項里程碑（product milestones）、客戶的現實條件與市場當前的動態，這一切都與時機息息相關。舉例來說，如果你的目標客群是學生，那麼開學季是發布主要產品的絕佳時機。

闡明產品進入市場的原由和時機使我們知道什麼事值得做、應該怎麼做。我見過許多公司在產品進入市場之初，擬定了待辦事項清單，然後思考如何完成，但我們應該先確認基本策略。

各項行銷活動也必須考量公司資源的現實狀況，以及公司發展階段。以 Pocket 為例：他們依據公司發展舉辦了規模合宜的活動，只邀請有過深度交流的 10 位用戶和一些合作夥伴前來共襄盛舉。Pocket 的小型團隊沒有做超越能力範圍以外的事情，就成功地使媒體了解自家

產品的生態環境。

以下是一些有助於剛起步者思考行銷策略的課題。請記得，這些課題的目的在於指引你推進一切行銷活動，至於哪些戰術最適用，則取決於你的思考結果：

- 第三方驗證對於產品的可靠性是否重要？
- 你企圖爭取哪些客群？獲客速度有多快？
- 這類客戶在哪裡度過他們的職業生涯或個人生活？
- 你是否試圖教育他們？
- 產品具有哪些優勢？
- 在所屬產品類別裡，是否存有提供各種機會的特定趨勢？
- 是否已經有其他人跟你試圖觸及的客群建立關係了？
- 你的顧客最喜愛哪種採用新產品或新科技的方式？

產品行銷人員的職責在於闡釋產品在其市場上的形勢和進入市場的特定策略，例如：促進垂直整合的醫療保健服務採用率，或是為結合開發與營運（DevOps）類別定義套裝產品。各項策略或戰術包含廣泛的行銷手段，例如：夥伴關係、各式通路、品牌創建、訂價或社群，而且各種手段達成其目標的效用必須明確。

產品進入市場策略勢必是由以下這些不同主題構成：

- 促進成長以達成收益或商業目標；
- 增進特定客群採用我們的產品；

- 提升人們對產品的認知與發現，或是建立品牌；
- 定義、重塑或領導產品類別、生態環境或平台；
- 促使客群認可、愛上產品，或傳播產品福音；
- 找出和開發新目標客群、夥伴與專案。

　　有些人擔心，花時間研擬產品進入市場策略將拖慢辦事進度或損及行銷動能。實際上，擬定良好的策略有助於加速一切的進展。

　　在本書第 3 篇，我將活用一些例證讓你明白，某企業的長期策略如何成為另一家公司的短期戰術。這全然取決於企業的發展階段和各項目標。我也將提出一個簡易、融合了所有重大市場要素的產品進入市場設計工具，讓橫跨產品和進入市場團隊的規畫過程易如反掌。

產品進入市場如何隨著公司發展逐步進化

　　對於只有一項產品的新創公司來說，市場上的一切作為都是產品進入市場的一環，就如同你明快地進行實驗、學習種種市場動態、尋找優質客群、摸索應該打造什麼樣的產品，以及探究最佳的產品入市方式。

　　因此，對僅有一種產品的初創期新創企業來說，產品進入市場策略即是公司進入市場策略。這就是產品行銷工作對新創公司事關重大的原因。基於這個理由，我主張新創公司規畫招聘行銷人才時，優先延攬產品行銷專員。

　　在成熟公司裡，進入市場體系更為完善且複雜，行銷人員的任務既要協調內部共識，也必須促進產品的獲客速度。他們的產品進入市

場策略可能與初創期新創公司相似，然而相關工作是由進入市場經濟動能中的行銷與銷售團隊來完成。行銷與銷售團隊各自有策略和待辦事項，有時會對產品行銷工作的一致性構成挑戰。在本書第 2 篇與第 5 篇，我們將深入探討這項組織層面的挑戰。

最後，不論公司發展程度，產品行銷人員負責擬定各項行銷策略來形塑產品進入市場計畫、確保相關活動對齊各項商業目標。

一旦行銷策略到位，你需要一則能塑造世人對公司產品看法的好故事，而好故事取決於產品定位和產品訊息傳達。

第 5 章

說故事的人：形塑世人對自家產品的想像

你還記得，Word 團隊聚焦於改善用戶實際體驗產品功能的方法嗎？或是，Pocket 如何使人領會儲存文章日後閱讀是行動裝置普及促成更大行為**轉變**的一環？二者都是講述更大格局的故事來為產品定位的案例。

如果沒有用心做好產品市場定位，光打造優異產品並不足以使你功成名就。千萬不要以為人們清楚如何看待你的產品，也明白其價值。「你」必須為產品提供價值框架。如果你不做，產品價值將由市場力量定奪。

話說回來，做好產品定位知易行難。這工作遠不只是資料、故事、產品主張或定位宣言，而是隨時間推移，你為產品入市所做一切努力的總和結果。

產品定位和訊息傳達都很重要，但二者往往被混為一談，以下是二者之間的一些差異：

- **產品定位**是指產品在客群心目中的地位。顧客經由產品定位了

解我們的作為，並知道我們的產品與市面既有產品有何不同。

- **訊息傳達**包含你講述且用以強化產品定位的關鍵事物，能夠使你具有可信度，並讓人們想知道更多產品資訊。

產品定位屬於長期賽局；訊息傳達則是短期競賽，二者有時會混淆不清，部分原因出於一項廣為人知的產品定位聲明公式。如果以「產品定位聲明產生器」（positioning statement generators）關鍵字上網搜尋，你可以輕鬆找到這項公式的各種不同版本。這些粗製濫造的版本大致如下：

「對具有 ＿＿＿＿＿（需求或機會）的 ＿＿＿＿＿（目標客群）來說，＿＿＿＿＿（產品名稱）是一項具備 ＿＿＿＿＿（主要好處）的 ＿＿＿＿＿（產品類別）。與 ＿＿＿＿＿（主要競爭對手）不同，我們的產品 ＿＿＿＿＿（首要差別）。」

這項公式已成為產品定位的桎梏。許多團隊將產生器的文字原封不動地套用到所有產品宣傳材料。他們認為，既然稱為產品定位聲明，理當符合產品定位的種種要求。

形塑世人對產品的想法是產品行銷人員的第三大基礎要項，也是產品行銷工作最關鍵的一環。至於上述過度簡化的方法，不但無助於加深產品在客群心目中的地位，甚至還會徒增大眾困惑。

參考公式化聲明，但不要照單全收

　　產品定位始於了解你想訴說的產品故事，而且故事要有憑有據。產品訊息的傳達則可以讓故事引人注目。

　　各種產品公式則用來促使團隊深思熟慮客群、產品的獨特價值，以及人們相信產品定位聲明的理由。如果團隊全然仰賴公式來傳遞訊息，成效會不如人意。公式比較像是產出衍生、密集和充滿行話的訊息。大眾很難從這些訊息去解讀產品功能或理解關注該產品的理由。

　　此外，更重要的是，公式會讓團隊聚焦於自己人想說的話，而非**專注於向顧客解釋最重要的訊息**。關於訊息應該詳細到何種程度、是否應該以產品技術或商業價值為導向，全然取決於受眾與產品知名度。

　　讓我們來檢視兩家在商業分析領域競爭如火如荼的公司。他們服務的對象重疊，而且提供的價值也不相上下。儘管其中一方早對手四年起步，但表現始終不溫不火。最後另一方在耕耘七年後被谷歌公司以 26 億美元收購。

　　從上敘述你能判斷出以下的聲明各來自哪家公司嗎？

　　「（A 公司）的產品是線上企業最佳資料導向的營運工具。」

　　「（B 公司）為你重塑商業情報力。我們最新的資料探勘平台在商業分析上採行截然不同的方法。由於平台運行於資料庫中，基本上你可以鑽研和探索一切資料。」

　　A 公司傳達的是人盡皆知的如實訊息：「資料導向的決策能夠帶

來更優異的結果。」然而，他們形容的產品特色也可能是微軟公司的 Excel 電子試算表。這份聲明是否有助於資料分析師了解他們應該關注 A 公司產品的理由？

儘管訊息簡明扼要，卻完全無助於資料分析師——比大多數人更具分析能力的人——理解該產品能幫助自己獲致多麼優質的成果。這份聲明沒有說出令分析師產生想了解更多產品資訊的好奇心。

B 公司選擇用較長且更明確的訊息，對受眾來說是個出色的選擇。B 公司具體道出差異並直截了當指出：「我們最新的資料探勘平台在商業分析上採行截然不同的方法。」然後說明該產品如何「在資料庫中運作」，能夠讓用戶獲致更優質的結果：「可以鑽研和探索一切資料。」

即使不懂技術，你確實知道他們的聲明有獨到之處。請留意這份聲明如何融入產品定位公式的一些要素，而且沒有用千篇一律的方式來呈現。他們提供了資分析師可以採取不同做法的具體範例。這樣的訊息有助於分析師決定是否進一步了解產品。

對於受眾來說，B 公司傳達的訊息在各方面都相對出色。這家稱為 Looker 的公司不僅打造出顧客喜愛的優異產品，更使用引人注目的訊息傳遞方法來促銷。至於 A 公司則是 RJMetrics，他們的訊息傳達方法和最終結果都平淡無奇。

現代的產品團隊會試驗各種傳遞訊息方法，但這不足以保證能獲致想要的結果。儘管各團隊可以輕易地就一項主題測試各種不同的訊息版本，但不見得能充分地探索一切可能性，所以試驗過程應該討論並權衡各種可行方法的外部限制。

更明確地說，訊息傳達不是讓產品變好的方法，然而優異的產品如果欠缺引人注目的訊息，也難以在市場上攻城掠地。公式無法產生出色的產品訊息，我們必須明白客群想聽到什麼才能提供吸引人的訊息。產品行銷人員務必領會這個道理以善盡職責。

更優良的流程

我們需要多支團隊協力演練，使出色的訊息傳達趨於完美。光靠一支團隊絕不可能瞬間創造佳作。在大功告成之前，我們應該在各種不同的平台（網路、應用程式、電子郵件、廣告和銷售話術）上反覆測試與修正。

我不提倡公式，但倡議以 CAST 做為指南來核驗傳遞的訊息是否根基於客群渴望獲悉的事情。CAST 是指：

1. **清晰易懂（Clear）**。你傳達的訊息明確嗎？是否引人好奇？訊息的全面性是否會妨礙理解？

2. **真實可信（Authentic）**。你的用語能否引發受眾的聯想與共鳴？訴說方式是否令受眾感到自己被理解？

3. **簡明扼要（Simple）**。客群是否容易理解你的產品引人注目或與眾不同之處？他們明白你的產品更優異的關鍵嗎？

4. **通過測試（Tested）**。是否**在受眾實際體驗的脈絡中**進行測試和迭代過程？

團隊通常以文件形式完成訊息傳遞的迭代過程，由於產品、銷售

與行銷團隊都參與其中，因此可以假設結果趨於完善。但這只是一個起點。當你透過網頁或電子郵件測試訊息傳達效果時，不僅客群參與其中，你也更容易看清哪些措辭用字實屬多餘或令人困惑。

請留意，即便是經驗老到的產品行銷人員，通常也會把單純又扣人心弦的訊息傳達，跟行話及促銷話術混為一談。想像一下，如果 Looker 的訊息不是「由於平台運行於資料庫中，基本上你可以鑽研和探索一切資料。」而是「因為這是協作的資料平台，你能夠毫不受限地探索！」二者相比之下，原始版本雖然沒有訴諸潮流用語，但對資料分析師來說，表達更為明確。

我將在本書第 4 篇深入地探討這個課題，並會列舉更多傑出的訊息傳遞例證。

過度精確的傾向

科技產品行銷最大挑戰之一在於，**既要在適當的時刻適度強調科技，又要時時對科技資訊力求精確**。針對受眾為基礎設施或研發人員、更講究科技的產品類別來說，尤其更具挑戰性。產品行銷第一基礎要項此時派上用場了：你的目標客群最需要獲知什麼訊息？

我們傳遞的訊息應該明確到讓懂得科技技術的受眾信賴，但這並不代表我們一開始就要精確地道盡一切與科技技術有關的資訊。訊息傳達的職責在於創造連結。這意味著採取產品試用、影片說明或用戶感言等工具才能完善訊息傳遞的工作。

千萬不要指望訊息傳達能完成產品行銷所有最困難的任務。

搜尋引擎優化

搜尋引擎優化（SEO）是指你為了提高搜尋引擎能見度所採取的許多措施，適用於使用搜尋引擎來尋找包括應用程式商店、網路商店或網路文章。搜尋引擎提供專門的特色服務，各家公司必須堅持不懈地日益精進這方面的新知。

由於約 70％ 民眾的購買決策是以某種形式在線上發生，我們構思產品定位和訊息傳遞方法時，理當考量跟自身和競爭對手息息相關的關鍵字生態。搜尋引擎優化有助於穩固公司的數位策略，涵蓋內容和廣告投放，甚至於電子郵件的主旨等範圍。檢視關鍵字的效用讓我們明白，哪些關鍵字可以將人們跟公司產品聯繫起來。

在用戶體驗旅程中觀察顧客搜尋產品的過程，可以認清使用者對於產品的想法、他們的用語、如何認知其他競爭產品，不失為快速又簡便的方法。

搜尋引擎優化事關重大，但並非驅動結果的唯一方法，不過當我們考量要傳達的訊息應該添加哪些關鍵字時，它可以提供指引。我們也要留意，不要過度沉溺於追逐關鍵字，因為關鍵字可能與長期產品定位背道而馳。

產品行銷人員在產品定位上應保持清晰的視野，並時時衡量變化多端的影響因素。產品行銷人員必須一致地做出有益的判斷。

產品定位 = 你的行動 + 他人的行動

訊息傳遞是產品定位工作最顯而易見的一環，產品進入市場計畫

下的每個活動都能以各自的方式強化產品定位。

如果公司在銷售過程裡進行了概念驗證（proof-of-concept），評估標準應該導向自身各種優勢。在產品試用方面，則是凸顯產品各項功能來強化產品定位。在決定是否有必要舉辦產品發布會時，要評量這場活動對我們渴望的產品定位是不是良好的驗證點（proof-point）。即使是條理分明的分析師評論，也能援引強而有力的證據來揭示產品定位，例如：用戶能以特殊方式解決問題、產品訊息宣稱的可重複測試。

這是我們在產品定位過程裡可以控制的部分。然而，70％發生於線上、不在公司控制範圍的各種人為決定，對產品認知的影響或許與我們可控制的購買環節旗鼓相當，甚至可能具有衝擊力。這當中某些階段被稱為暗漏斗（dark funnel）或是暗社群（dark social），意指無法追蹤的顧客參與、購買過程，或無法查看能影響人們採用產品的內容與觀點分享。

各種評比網站、評論、評分、社群媒體貼文、心得分享、線上論壇、個人文章、坊間傳言等，都可以在彈指之間搜尋到，所有這些內容集合形成數位足跡，不動聲色地對公司產品定位與品牌聲譽帶來巨大影響。我們應該注重口碑的力量，以及人們口耳相傳的話語，這些管道可能實質地行訴你的產品定位，即使這些內容跟你傳遞的訊息、正式行銷管道講述的話語南轅北轍。

長期賽局

在本章中，我大篇幅探討訊息傳達這課題，原因在於其能夠錨定產品被人認知的方式，是產品定位的起跑線。然而，產品定位的形成

得經時間推移而緩慢取得進展。成功的關鍵在於堅持到底和始終如一。市場定位的工作遠比任何訊息傳遞更長久。同樣地，改變產品定位是極具挑戰性的重任，因此我們從一開始就務必構思好定位的目的。

不論是有意圖或偶然的產品傳教士，都能提升或拖累產品定位，而且他們是致力於進入市場工作的最佳代言人，因此促使他人為我們傳播產品福音是產品行銷第四大基礎要項。

第 6 章
產品傳教士：促使他人傳播
你的產品故事

　　幾乎世界各地每天都有人使用 Quizlet 來學習醫學課業、美容師證照考試和記住雜貨店代碼。在美國，每 2 位高中生中就有 1 位使用 Quizlet 來增進學習成果。

　　有趣的是，研發這款產品的公司在最初十年間並未投入任何行銷資金。上推特搜尋一下「#quizlet」或是「#thanksquizlet」，你就能明白原因何在。世界各地的教師時常分享興高采烈的學生玩 Quizlet Live 各式遊戲的照片和影片。畢業生拍照時除了手拿畢業證書，頭頂上的方帽還會寫著「感謝 Quizlet」。他們都是自動自發去做這些事情，由衷感激這款產品且想與世人分享。

　　這是有機產品福音傳播的最佳典範，Quizlet 在社群媒體和通訊平台上發揮了極大的影響力，證明產品經由他人說故事被發現與認知的重要性日益不容小覷。

　　產品傳教士早就不是什麼新奇的行銷概念。傳播產品福音的各種媒介持續不斷地進化著，觸及範圍日漸深廣，重要性與日俱增。產品傳教士的影響力已經遠遠超越公司正式行銷管道所能做到的。

當我在書中提到傳播產品福音時，指的是有條有理地經由他人來賦予產品影響力。這包括較為傳統的增進產品入市效果的管道：銷售人員、新聞記者、投資人或分析師，以及進入市場經濟動能中的專家大軍，他們的職責是在各自的領域啟動傳播產品福音的工作，例如：社群媒體行銷、內容行銷、公關、分析師關係網絡、科技福音傳播、社群管理、現場行銷、活動統籌、夥伴行銷、客戶成功、銷售管理等層面。

　　對產品行銷人員來說，致勝的關鍵在於辨識這個組合裡最關鍵的部分，然後策略性地善用他們來帶領產品進入市場。

對他人賦能

　　有些產品傳教士遠比其他人更加舉足輕重，例如：直接銷售團隊應該是產品行銷上最優先的賦能對象。不過，如果研究顧問公司分析師、應用程式商店或主流出版社編輯等深具影響力的群體沒有獲得同等重視，那麼直銷團隊也很難高奏凱歌。

　　關鍵在於了解哪種宣傳方式對你的產品進入市場最重要，同時也要清楚哪些關鍵作為可以促使相關人員展開相對應的行動。

　　當 Word 成為評價最好的文書處理軟體時，新版產品上市之前，其實微軟做了許多產品行銷工作來啟動產品福音傳播過程。以下是產品行銷團隊的一些相關作為：

- 提供詳盡的評估指南給每位產品評論家。另外也給予銷售代表一套類似的指導方針。

- 親自拜會最具影響力的專家，並直接答覆他們的各項提問。
- 對現場銷售人員進行深度的產品簡報與操作訓練。
- 讓潛在客群試用 beta 版產品，並將使用感言納入電子郵件宣傳訊息和廣告裡。

Word 的領導地位是專家、評論者、合作夥伴和顧客賦予的，而促成合適的關鍵影響力人士提供協助，公司需要持之以恆的努力。在產品和進入市場模式不斷推陳出新的年代，促使他人為我們傳播產品福音的事前工作與日俱增，例如：Slack 最初的產品傳教士是敦促團隊夥伴加入 Slack 工作空間的用戶，他們使團隊生產力的提升立竿見影。儘管產品導向式成長通常是由成長與／或產品團隊主導，但產品行銷人員必須確保其他的產品福音傳播能夠補強產品進入市場計畫，而且確實有效。

對現場銷售代表來說，促使他人傳播產品福音意味著，說故事和施展各種工具來讓人感受到自己真心誠意地擁護產品，而不是讓人覺得自己在強迫推銷。在尋求企業內部認可時，銷售團隊也要為公司的內部支援者提供工具，使其運用在尋求內部批准福音傳播行動上。我見過許多公司內部用「銷售簡報」試圖說服領導團隊為何要添購昂貴的新軟體，而且遊說者並非總是銷售代表。

在現今的顧客體驗旅程中，關於「正式的」行銷存在一種假設上的偏差。許多人寧願去研究他人想說的話。人們偏愛用戶評論、第三方部落格文章、社群媒體貼文、聚會閒聊，或是其他性質類似、較能進行坦率對話的數位園地。請認真思考一下，這些管道是否有助於你

講述產品故事。

社群是透過他人來提升產品支持度的常見管道，其範圍從創始一組團體（例如：顧客評議會或顧問網絡）到參與各種既有團體、加入第三方監督組織，不一而足。就社群來說，最重要的是促成對每位成員有幫助的對話。

產品福音的有效傳播不只是找出最佳的行銷管道，成功關鍵在於降低資訊取得的阻力、使人們能有效地評估和擁護你的產品。試想一下，銷售代表應該從何處尋求最與時俱進、具競爭性的回應方式？如果在 YouTube 而非公司的網站發布產品相關影片，是否會有更多人喜愛它且分享給他人？

在探索各種影響力領域時，產品行銷人員應該了解各種影響力如何槓桿出產品進入市場的成效，這與其他行銷作為同樣重要。

傳播產品福音 VS. 促銷

幾乎所有團隊都擅長粗製濫造一些談論產品的內容，然而當中往往欠缺扣人心弦、確實可信或讓人渴望分享給他人的故事。

這情況在過度專注於產品的產品行銷團隊尤其常見。雖然違反直覺，但有時以人們關切的事物來主導產品行銷有其必要。圖表 6.1 列舉了若干傳統的產品行銷工具，並與聚焦於產品福音傳播方法的比較，好讓讀者看清楚二者的差異。

例如：產品行銷人員擬銷售方案大綱，列舉出銷售人員和潛在顧客首次對話時應該說的話。大多數產品行銷人員會直覺地專注於公司想要傳達的正式訊息，以及他們渴望凸顯的特色功能，但我們反而應

該從現有顧客近來如何使用產品解決重大難題這類的故事來著手。

圖表 6.1 比較常見的產品行銷法和產品福音傳播法

促銷產品	促進產品福音的傳播
顧客個案研究陳述關鍵挑戰、關鍵結果*	各種引人入勝的客群故事（影片、用戶生成的內容、以照片為主的社群媒體貼文）
詳細示範經過篩選的各項產品特色功能	展示顧客在日常生活裡如何使用產品
以銷售簡報講述公司、產品和關鍵特色功能	以簡報凸顯世局變化使產品成為客群亟需且重要的東西，以及顧客如何從中發現價值

＊個案研究有其功效，只是不要成為講述客群故事的唯一方式。

　　這種講述方式不僅更可信，還能使跟銷售人員交談的對象從中獲知某些訊息。請記得，人們經由討論來學習，並不想聽長篇大論或被強迫推銷。

　　在找出最佳行銷管道來促進產品福音傳播時，當今的行銷環境多元異質，產品行銷人員不可能了解所有的好管道。上述比較是一個很好的例子，說明應該善用進入市場經濟動能的集體智慧。

量身打造有助產品進入市場的傳播福音工具

　　什麼能促進產品福音的傳播，取決於傳播者和傳播脈絡。產品行

銷者在主導各項活動時應該銘記此事。以下是一些典型產品行銷導向的產品福音傳播活動：

- 銷售需要一部定義完善的教戰手冊，致力於口徑一致的各種對話、運用正確的工具和遵循優良的流程。即使這未必能使潛在客群成為顧客，卻有可能讓他們對我們的產品著迷。
- 打算轉換產品的潛在客戶可能想找志同道合的社群成員諮商，好好了解自己改用新產品可能經歷哪些過程。他們將尋求支援或能夠直率提出各式問題的社群論壇。
- 現有客群可能喜愛從使用產品的方法來獲得認可。具親和力的活動或晚宴空間能讓他們與潛在顧客暢談產品體驗，並促使他們成為產品傳教士。
- 舉足輕重的專家和影響力人士，例如：分析師，在推播關鍵報導時往往有其規律的步調。產品進入市場計畫推行的時間表應該考量這個要素。

　　人們在決定是否購買科技產品時一定會尋求協助。當他們透過「第三方」搜尋卻未能發現你產品的任何資訊時，你的競爭對手將趁虛而入。

傳播產品福音屬於團隊合作

　　產品傳教士的工作遠比其他產品行銷任務更需要產品和進入市場團隊協力合作，而且最終幾乎一切工作都由其他人來執行，產品行銷

人員就像產品進入市場的催化劑和指路明燈。

　　最事關重大的是，產品行銷人員善用一切學習成果，並結合產品行銷前三大基礎要項所學知識來創造產品行銷第四大基礎要項。為了促使人人愛用我們的產品，我們務必具備所有四大基礎要項。

　　截自目前為止，如果讀者覺得我講述的是一項重要且艱巨的任務，確實是如此。產品行銷是一份講求盡心盡力的職責，而且獨立於產品管理以外，更與其他行銷層面截然不同。

　　本書第 2 篇我將深入探討，造就傑出產品行銷人員的特定技能組合、實踐方法與技巧，我也將談論產品行銷團隊和產品、行銷及銷售團隊等重要夥伴的協作方法。

第2篇

發揮產品行銷角色功能：
由誰來執行、
如何善盡職責

第 *7* 章

強效的產品行銷：高手的各項技能

當札克（Zack）開除銷售團隊僅留一人時，他已經敲定新產品展示方式、提供免費的概念驗證，而且樂意在價錢上接受討價還價，然而他始終不明白，為何沒有銷售員願意為其效力。

札克是 StartX（匿名）的執行長，公司在他攻讀博士學位時期研發出新科技，並贏得指標性科技競賽獎項，還榮獲具公信力的《財星》（*Fortune*）雜誌 50 大企業資訊安全長背書。

如同其他處於相同發展階段的公司領導者，札克幾乎事必躬親，一肩扛起銷售、產品、行銷和人事，但這些工作他先前從未做過。他認為，要賣出產品就得雇用銷售團隊。

然而，事與願違。他想應聘的銷售員不是另有高就，就是不斷要求實際上不存在的行銷團隊提供潛在客戶。札克的公司團隊對自家產品不夠了解，以致他必須在所有宣傳活動親自上陣。最後，他不再於每場活動上試圖賣掉產品，而是花時間探問：「你必須優先處理哪些難題？」

他從而得知，自家產品的問題解決方案不僅不在各公司高階層主

管優先處理的前五大難題之列，而且在某些案例中甚至排不進前十大。札克的團隊發現到，他們誤判了市場對自家產品的渴求和價值，於是他們重組團隊來推動策略轉向，並著手解決各公司高層主管優先處理清單中排位更高的難題。

在工程部門努力數個月之後，他們解決了各家公司前三大難題的其中一個，而且讓產品定義與一個存在了數十年、有眾多成熟產品的類別有所交集。光是改善產品易用性就如同改變賽局，更遑論他們研發出更有效益的解決方案。

札克再度尋覓銷售員來展示「這就是新產品能做到的一切」，然而他再度於聘僱銷售團隊上四處碰壁。這時札克的公司已成立逾 1 年，他深知自己亟需另闢蹊徑。

最後，他聘用了喬希（Josie）擔任產品行銷總監。喬希明快地診斷出札克渴求的銷售團隊有一些迫在眉睫的問題：欠缺明確、可反覆傳遞、使人了解產品價值的訊息，只追求人們知道產品各項特色功能。此外，銷售團隊必須更了解最有可能購買產品的潛在顧客，不能只是仰賴通訊錄名單。他也認知到，新產品務必做好定位工作，釐清其與現有類別之間的差別，使 StartX 產品能連結上人們的心智地圖。

喬希在數個月裡做了以下產品行銷工作：

- 用白皮書闡明現有產品類別的哪些方面行不通，並且宣告自家公司已經開創出類別利基和需求。有一家大型分析公司對白皮書深感興趣，並透過電話詢問更多資訊。
- 他創造了全新的產品行銷材料，使客群在銷售簡報和網站等地

方看到的產品訊息更協調一致。

- 他跟產品和銷售團隊建立平等的夥伴關係，三方意見一致地根據各種回饋來挑選行銷材料。
- 他與銷售團隊攜手推動更多深入的目標客群分析，並擬定一份完善的目標客群清單。
- 他們就產品進入市場策略達成協議。這意味著即使沒有喬希統籌全局，團隊其他成員也明白一切行銷作為的根本原因。

這些關鍵差異造就了 StartX 公司徹底轉變。在產品行銷到位之後，銷售團隊終於能夠善盡職責。他們成功爭取到第一批客戶，使公司得以獲取新一輪的資金。

札克苦盡甘來並且學習到，應該在起用銷售團隊**之前或是同時**引進產品行銷專員。他原本可以更明快地做出判斷，並加速處理好產品與市場適配問題，致力於讓銷售更有成效。其實他只是不清楚產品行銷的重要性，最初他認為，賣產品需要的是銷售團隊，當公司打算銷售更多產品時才會需要產品行銷團隊。

這是一則警示故事，告訴我們理解優秀的產品行銷的效用、精通聘用相關人員的方法、懂得產品行銷團隊如何與其他團隊協作的重要性。本書第 2 篇將專注於探討這些課題。

強效產品行銷人員的各項關鍵技能

產品行銷目的在於，經由滿足商業目標的策略性行銷活動來塑造市場對產品的認知，從而促進客群採用產品。

要到這點，產品行銷者必須具備敏銳的心智和剛強的毅力，以及涉及產品管理各個層面的一套關鍵技能。產品行銷與產品管理角色的差異在於所發揮的各項技能。產品管理施展技能來創造產品；產品行銷則善用技能將產品導入市場。

產品行銷者的關鍵技能包括：

- **對客群具有深切的好奇心、具備強烈且積極的傾聽能力**。產品行銷者必須理解顧客的世界。他們不是天生的客戶專家；如果不學習新事物，如同怠忽職守。深入了解客群是無止盡的工作；市場永恆變動不居，產品行銷人員必須堅持不懈地消化各種攸關市場和顧客的資訊。這往往要和產品或銷售團隊協力合作。
- **由衷地喜歡探究產品**。這是贏得產品團隊信賴的關鍵。產品行銷人員要能自在地詢問各種問題，並真誠地展現對產品感興趣。我們期許他們在一段期間後對產品會有深刻的了解。他們不必一開始就具備產品或類別的相關知識，但必須熱愛學習。這項技能可使產品行銷人員獲得具競爭優勢、鞭辟入裡的洞察。
- **深謀遠慮和強效的執行力**。實力堅強的產品行銷人員既要深思熟慮、又有高效執行力。如果無法在二者之間取得平衡，那麼應該偏重於具有深謀遠慮的特質，畢竟組織裡往往有執行力較強的人。儘管如此，執行並非只是完成任務，還意味著工作品質要能達到要求的標準。我們應該具備這樣的策略心態：始終要有能力洞悉更大的市場格局，而非只是把工作做好。
- **協作能力**。定義上，產品行銷是跨功能的任務。如果產品行銷

人員沒能始終如一地跟產品、銷售等團隊協作，產品推廣難以產生好結果。少了各方協作，也難以建立產品行銷四大基礎要項。產品行銷人員必須具備優秀的彙集和善用組織知識的能力，然後有責任將這些知識傳遞給有需要的單位（銷售和行銷團隊等）。同樣地，產品行銷人員應該堅定不移地向產品團隊傳達有關客群和市場動態的資訊。

- **傑出的口語和書面溝通能力**。二者是最強大的產品行銷工具，產品行銷人員日常各方面的工作都會派上用場。如果產品行銷人員無法有效溝通，將難以理解產品如何造福世人，也無法有效地跟其他團隊協力合作。優秀的產品行銷人員擅長簡化內容，他們不必道盡一切就能把事情說清楚。他們避免誇大其辭，而且深諳以真實可靠的方式來溝通，這項技能知易行難。一般來說，書寫是可以強化的技能，簡報技能也能夠透過訓練來提升，所以在應聘產品行銷工作者時，關鍵在於確認他們精通各種溝通方式。

- **廣博的行銷知識**。產品行銷人員不用是一切行銷方法的專家，但必須具備充足且多樣的行銷專業知識，才能引導各式產品進入市場活動，並了解這些活動之所以有效的原因。這需要與行銷夥伴通力合作，因為他們有許多可行的想法，而且是各種產品進入市場活動的推手。要展開建設性的對話，最佳的方式是提出「我們如何實現 ＿＿＿＿＿＿（請自行填入想要的成果）？」之類的問題。

- **商業頭腦**。這不光是了解各種商業目標，關鍵是領會世上存在

多元異質的商業成長方法，例如：新市場或新的進入市場策略。同樣重要的是，要能適時地認清既有的產品進入市場策略已經行不通了。產品行銷人員或許不是最終決策者，但務必了解各種商業可能性，也應該把商業思維融入產品進入市場計畫中。

- **具備了解產品技術層面的職能。**產品行銷人員不必具備工程學學位，但一定要有能力了解產品所調用的科技。請記得，產品行銷旨在使深刻理解產品的人幫助不懂相關科技的人認識產品。想培養了解產品技術層面的技能，基本功是勇於提問各式問題。

我們很難找到精通一切技能的人才，然而原因並非出於人才庫短缺。產品行銷專才是後天造就，而不是與生俱來。至關重要的是，對這個角色和擔綱此角色的人設定高標準。

各項關鍵職責

產品行銷人員對於許多需要諮詢他人的事情當責不讓，例如：各種有效的銷售工具借重產品經理累積的產品知識。同樣地，顧客體驗旅程的地圖可能重度仰賴用戶體驗（UX）團隊的知識。至於產品行銷人員，他們可以確保體驗旅程的地圖能反映客戶起初尋找產品時的歷程。

下面的「進階學習」從產品行銷四大基礎要項的觀點，確認產品行銷人員的關鍵職責。請勿將其視為任務清單，應該將其視為有助於產品行銷人員一致地發揮效能的工作指南。

進階學習｜產品行銷人員各項基本職責

基礎要項 1. 大使：使攸關客群和市場的各項洞察連結起來

● 把產品團隊和市場連結起來；

● 區隔客群及辨認目標受眾；

● 了解競爭動態；

● 了解顧客體驗旅程／客戶探索過程；

● 了解市場趨勢／競爭訊息與動能。

基礎要項 2. 策略家：引導產品進入市場

● 確定產品進入市場計畫；

● 指導執行和調適過程；

● 掌握相關的傳遞途徑或漏斗動態；

● 品牌建立／包裝／訂價策略的夥伴；

● 指導各項程序化行銷活動並協調共識。

基礎要項 3. 說故事的人：形塑世人對產品的想像

● 產品定位與訊息傳達；

● 建立進入市場故事敘事結構／塑造各種類別；

● 創造關鍵的「以產品為核心」內容；

● 合作展開適當的行銷活動和需求開發（demand generation）。

基礎要項 4. 產品傳教士：促使他人傳播產品故事

● 客群案例故事；

● 促使分析師、新聞記者、影響力人士講述產品故事；

- 創造有效的銷售教戰手冊和銷售工具，激勵銷售員講述產品故事；
- 促進產品迷和社群講述產品故事。

初創階段的公司儘管專注許多領域，而且產品行銷人員傾向於直接做完大部分工作，但藉由產品進入市場計畫中最重要的目標可以決定事情的輕重緩急。在老牌的成熟公司（進入市場已達到理想狀態的公司）裡，產品行銷工作主要由產品行銷及其他團隊協作完成。

產品行銷人員同時專注於長期策略，包括：形塑類別、發展新市場，以及當務之急，包括：回應競爭對手、為新產品上市訓練銷售員。他們也把許多精力用於連結和凝聚跨功能團隊。

除了公司發展階段之外，進入市場模式也會影響產品行銷的實踐方法，接下來我們要深入探討幾個方法之間的差異。

成長行銷

成長行銷（Growth Marketing）與產品行銷工作有諸多共同之處。二者都必須系統性地了解各項活動與參與者如何槓桿出公司的事業效益。二者差別在於，成長團隊比較傾向於跨越專業領域的多部門連結，他們直接控制產品各項資源，而非只是套用行銷方案來促進成長。

成長駭客（Growth hacking）是指以資料驅動、探索性試驗且主要推動產品導向的成長方法。大多數直接面向消費者的公司有專門所屬成長團隊，但產品導向成長在 B2B 領域的重要性也與日俱增。B2B

公司往往把產品導向成長形容為：運用消費者策略來增進產品銷售的成長。

在擁有成長團隊的組織裡，產品行銷人員將側重在成長團隊之外連結各產品團隊，促成產品定位、確定產品進入市場計畫、拉攏重要的影響力人士，並跟銷售或行銷團隊一起區隔各種行銷活動。成長團隊講求精準聚焦在技術、程序及組合上，主要透過產品及其資料來觸發更快速的成長。

直接面對消費者的企業

我使用直面消費者（direct to customer businesses）這個名稱是因為，儘管這種進入市場方式曾屬於 B2C 的版圖，但愈來愈多經驗老到的公司和開發者產品改採直接面對消費者（例如：Zendesk、Atlassian、Slack、Drift）的方式。不論聚焦對象是消費者或是專業人士，這種從下而上的方法專注於數位產品導向或倚重行動裝置的獲客途徑。

產品行銷工作重點在於提供行銷團隊框架和指南，使他們明白如何妥善地讓客群在生命週期裡持續接合行銷漏斗的所有層面：體認（awareness）、採購（acquisition）、啟用（activation）、收益（revenue）、保留（retention）、推薦（referral）。為了獲致成效，我們必須與各產品團隊密切合作，並審慎評估顧客、市場和以產品用途為基礎的客群區隔。在這個進入市場模式中，深思熟慮的品牌定位與訂價策略都事關重大。

- 基於參與適配度和成長的密集、持續且透徹地劃分高度專門化的客群區隔；
- 實驗新的獲客管道；
- 促進客群與產品契合；
- 支援顧客生命週期各項活動；
- 了解行銷漏斗和客戶轉換產品的行為；
- 延攬重要的影響力人士。

B2B

在 B2B 公司，產品行銷人員探索和啟用一種系統性方法來將目標公司轉化為客戶，雖然主要手段是直接銷售，但並不意味產品行銷工作只要專注於促進直接銷售的方法。

當今的客戶體驗旅程涵蓋「顧客」展現興趣之前早已完成大量的產品評估。提升收益意味著，在客戶體驗旅程中埋下讓顧客購買產品的種子。產品行銷人員確保運用策略視角，善用恰如其分把行銷網所及的客群納入行銷活動，尤其是與公司長期策略相關的活動應該優先考慮，例如：公司主要收益可能是由某項既有產品驅動，然而促進新產品的採用也有其策略上的重要性。產品行銷人員應該專注於推展能

促成客戶轉換產品的各種活動，包括：產品定位、包裝、訂價，以及讓影響力人士和新產品首批顧客的背書發揮效用。

對於做 B2B 生意的公司來說，區隔客群與促進採購行為是更複雜的事情。因為每個如同公司規模的「帳戶」（account，B2B 概念用來強調市場行銷和銷售共同精準鎖定客戶或組織的正確聯繫人）裡，都涉及採買者、用戶與許多影響力人士，光是有影響力人士就涵蓋從某個使用產品的人、對產品功能沒概念僅在意成本的採購人員，到想知道產品支援難度有多大的軟體工程師，不一而足。

進階學習｜ B2B 產品行銷經理的專注範疇

- 用戶 VS. 採買者 VS. 購買過程中影響力者的人物誌及其職責；
- 銷售工具：具競爭力的定位、產品展示、銷售簡報、銷售教戰手冊；
- 了解人們在購買過程裡受什麼因素鼓舞／推動；
- 與銷售團隊攜手確立客戶資格標準；
- 引導程式化行銷活動對齊各銷售目標、階段或基於客戶的行動。

產品行銷反面模式

許多產品行銷人員儘管用盡全力，工作表現依然有限。這主要是因為他們不明白產品行銷策略目的或未能秉持高標準。以下是一

些常見的、且必須改進的產品行銷反面模式（product marketing anti-Patterns）：

- **著重形式而忽略實質內容**。有關產品的一切看起來很專業，也能夠傳達願景、凸顯了諸如「節省時間和預算」等好處，然而進入市場團隊不斷被問到產品有何功用，以及相對於其他解決方案優勢何在。潛在顧客到處搜尋「實質的」資訊，或是被推入他們不想要的銷售流程中。銷售員因為潛在客戶（leads）小眾而深受挫折。產品經理在支援現場銷售方面耗費過多時間。

- **困在技術的雜訊裡**。這是上一個反面模式的對立面，而且會因為技術相關資訊過於精確而難以察覺。產品相關行銷材料鉅細靡遺地解說所有功能，還用圖表說明技術面的效用。產品經理覺得可以卸下應對產品資訊需求的重擔。然而，這一切作為並未給予產品明確的定位，以致於競爭對手占了上風。

- **產品行銷功能宛如一項服務**。進入市場所處的形勢決定了任務的優先順序，而非由公司內部各團隊來決定。產品行銷人員必須優先處理銷售或行銷團隊要求，而非應對客群的需求。「滿足客戶要求」這種常見的服務確實不容易拒絕，畢竟這可以迅速取悅其他團隊。然而，領導階層注重的是產品進入市場推展工作是否令人滿意。

- **不夠專注於產品行銷**。許多公司不了解市場形勢或產品組合需要專門人員聚焦於提高產品的採用率，以致於產品行銷團隊資源匱乏。在這種情況下，產品經理往往得做大量的銷售支援工

作，或是各團隊懷疑各種行銷努力是否得宜。這通常是低估了
優秀的產品行銷力能為公司帶來多大影響力。產品行銷的功能
未納入優先考量，或是擔綱產品行銷的人未受適當培訓而無法
善盡職責。

第 **8** 章

與產品管理階層建立夥伴關係

　　儘管我曾因收到比爾・蓋茲無禮的電子郵件感到憤怒，但我擔任微軟 Mac 版 Word 產品經理時，為產品行銷與產品管理雙方建立非凡夥伴關係立下了標竿。傑夫・維爾林（Jeff Vierling）是我當時的夥伴，我倆互動充滿了活力。每當工程團隊必須補救程式漏洞時，我們都會在公司待到很晚。我們一起出席蘋果公司的主要活動，一同會見潛在的新夥伴並討論其各項優勢。在由工程師、產品經理、產品行銷人員、用戶支援人員組成產品發布團隊召開的定期會議時，我們也一起商議決策，共同思考**為了增進產品效能而錯失發布日期，將導致哪些衝擊？**

　　我們每個人都投入充足的時間去了解客群與市場，當中有人負責把學習所得融入打造的產品中，有人負責把學習成果導入產品進入市場計畫。由於我們能夠仰賴彼此的專業能力，因此對於共同做出的各項決策深具信心。

　　並非所有產品經理和產品行銷人員的關係都如此和諧，但就結果而言，值得為此努力。所有公司都至少該有一個標竿範例，足以彰顯產品行銷與產品管理如何建立互利互助的夥伴關係。

這種產品經理與產品行銷人員的夥伴關係是所有產品行銷實務的常態，而且跟行銷與銷售的關係形成鮮明對比。行銷和銷售的關係會隨著公司日漸成熟而逐步演進，這大體上取決於各團隊組成方式。

在產品行銷上，進入市場與產品管理相輔相成，終極目標一致：促使人們愛上產品進而購買。他們透過通力合作、發揮各團隊技能來實現最終目標的潛能。

超越核心產品團隊

當產品行銷角色隸屬產品團隊、且有一位指定的產品經理合作夥伴時，彼此的協作關係可以激發出最佳結果。某些人將其稱為擴展多邊協作（the triad expanding into a quad），這種情況下，產品經理視產品行銷人員為團隊的行銷策略家。

擬定產品行銷策略與打造產品分屬不同技能，這就是為什麼必須具備兩種不同職位與角色。產品經理調用他們建構的一切來實現產品願景。產品行銷人員則善用產品創造出的一切可能性組合來達成進入市場目標。產品行銷人員的強項是，把探索工作轉化為合理或實質的進入市場過程。這也是產品行銷人員與產品經理夥伴關係裡最重要的工作之一。

正如上一章提到 StartX 創辦人的案例，人們很容易對任何能夠確認其價值的事物愛不釋手，在此例中，那是贏得一項比賽，以及延攬到一位備受敬重且熱愛 StartX 想法的資安長。尤其是，當產品的易用性、實行性和商業可行性都已毋庸置疑，一旦人們認為產品有價值，便會愛上產品進而購買。

產品行銷人員學習市場知識，並檢驗市場如何影響行銷管道、配銷夥伴、訂價、包裝、時機拿捏、產品定位、行銷上超越競爭對手的方法，這就是產品與市場適配的市場適配層面。

產品行銷人員還要引領進入市場策略的前置作業，例如：如果直接銷售是主要的配銷模式，產品行銷人員應該協助團隊徹底想清楚新產品銷售能量，以及激勵機制、訂價或包裝是否到位，以利銷售員順利銷售。

產品團隊在管理未交付訂單上容易短視近利，往往專注於打造產品而非聚焦於產品進入市場的方法。產品行銷人員是產品團隊的夥伴，能幫助產品團隊領會各項特色功能是否可打開銷路。

進階學習｜夥伴關係運作良好的各種指標

- 了解產品進入市場的背後原因。產品經理認為這是一種與正在打造的產品相匹配的深度思考方法。
- 產品團隊渴望產品行銷人員參與主要的產品決策，好掌握決策可能帶給市場的各種影響。
- 產品經理和產品行銷人員就產品定位與訊息傳遞密切協作。產品經理對於技術資訊精確無誤、產品定位和產品願景協調一致感到滿意。
- 產品經理高度投入分析師的各項工作中。
- 競爭回應必須迅速、協作且相互配合。
- 訂價和包裝權責分明，包裝對於客群區隔和商業目標大有助益。

- 產品經理認為，他們可以經由最低限度的諮商促成產品銷售，藉此減輕許多創造宣傳材料和內容的工作重擔。

為成功做好準備

當今的產品生產組織可能存在數百支產品團隊，使得產品行銷的人力配置深具挑戰性。產品經理和產品行銷人員之間並無典型的配置比例。不過，就實務來說，二者比例從 1：1 到 1：5，不一而足，平均比例為 1：2.5。

至於哪種比例較適合，取決於進入市場模式與組織提供多少支援給進入市場團隊，例如：如果有專門的銷售賦能或專案管理團隊，可能配置的產品行銷人員較少；如果產品極為複雜，可能會配置的產品行銷人員較多。

產品行銷人員與產品團隊協調一致的關鍵要素在於，顧客體驗產品的方式和公司商業成長目標，例如：有四款賣到兩個中間市場的商品，而中間市場裡各企業用戶會單獨使用所有四款產品，換句話說，這些產品在各自所屬類別仍持續成長。4 名產品行銷人員能與 4 名產品經理合作，提高每種產品的採用率和參與度。這四款產品也可能各有 5 支產品團隊，但僅有 1 名產品行銷人員與其合作。

相比之下，各企業用戶以截然不同的方式運用這四款產品，他們可能成套購買這些產品並按需求使用。產品公司可能有一些指定的產

品行銷人員負責這些企業客戶，但他們附屬於產品行銷經理。他們可以指派個別產品行銷人員、也可以被指派給負責企業整合的產品團隊，但他們的工作同樣是專注於對使用四款產品的企業用戶至關重要的事情。

我再舉一個例子。某家公司可能適逢一個大好的成長機會：綜合多種不同的產品體驗來打造用戶訂閱服務。對此，產品行銷人員最好與負責監測如何為客戶帶來體驗的產品負責人的目標保持一致。

以下簡述隨著品與市場逐步成熟，產品行銷工作重點的演變：

- **新創階段**。這是產品進入市場與公司入市同等重要的時期。此時探索和迭代快速進行，因此產品行銷人員理應同時與產品團隊和進入市場團隊密切合作。產品行銷人員必須迅速且時時調適尚未確定的市場、客群和進入市場計畫。

- **推動個別產品**。這是能定義類別的產品開創類別與市場時期，而且產品定位與採用將為公司帶來信譽。此時產品行銷人員聚焦於個別產品，他們創造故事為產品定位、凸顯其強項，並形塑市場認知。這需要一位指定的產品行銷人員與產品經理相互合作。

- **推進套裝產品**。在晚期發展階段，產品多元的公司大多會推出套裝產品。這時產品行銷焦點不再是個別產品，或是經過區隔、層次多樣的客群，而是轉移到套裝產品。在規模較大且成熟的公司，常見產品行銷人員同時專注於個別產品、套裝產品及不同的客群。在這些情況下，某些企業並未配置產品行銷人員給

產品經理，而是重度仰賴產品團隊裡的產品行銷人員。就套裝產品來說，產品行銷人員高度聚焦在更嚴格界定的不同客群需求，以及使套裝產品符合顧客需求的方法。

- **垂直客群／新市場**。這是特定垂直客群或新市場對事業成長的關鍵時期。產品行銷人員專注於各層次的客戶，可能也沒有配合的產品經理。他們的工作在於整合產品相關故事，闡明為何產品提供的解決方案最適用於特定層次的用戶。

- **顧客區隔**。有些企業因其區隔客群的需求足夠獨特，有必要相應地進行截然不同的行銷，這可能包括各種截然不同的進入市場模式。在這種情況下，產品行銷人員可能不會有配合的產品經理夥伴，而是得與產品團隊裡的產品行銷人員密切合作；產品行銷人員主要採取市場需求導向，較少採產品導向。他們尋求有助於驅動產品採用的市場訂價差異模式。

我將在本書第 5 篇更詳細地探討如何組織、建構和領導產品行銷。

反面模式，以及更有效的做法

由於大多數產品經理和產品行銷人員聰穎、勤快又忙碌，因此不容易確認雙方夥伴關係是否運作良好。以下是雙邊夥伴關係必須改善及良好的跡象：

- **銷售人員推不動產品賣點**。這顯示產品的創造過度講求「技術優先」，而且產品團隊的流程存在疏失。

> 更好的做法 產品行銷人員成為產品規畫者的夥伴，提供有意義的市場相關資訊。除了用故事包裝之外，他們也應該具備足夠的市場洞察，以便在產品計畫似乎悖離市場現實時，對產品團隊提出質疑。

- **就行銷來說，產品問世的時機不宜。** 產品團隊工作完成時即確定產品發布日期，而不是選定產品能被採用的最佳時機。

> 更好的做法 在主要的產品發表日期敲定之前，產品行銷人員應該時刻反映市場和顧客的觀點。

- **產品經理過於頻繁地被要求提供產品宣傳材料或銷售支援。** 這證明產品行銷人員並未充分了解產品，或是他們創造的產品行銷工具成效不彰。

> 更好的做法 儘管工作始終有學習曲線，但產品經理有責任促使產品行銷人員了解產品的最新情況，以便合理地減輕這項工作重擔。產品行銷人員必須掌握充足的產品知識，才能闡明產品的重中之重，並呈現在行銷宣傳品或銷售工具中。

進階學習｜產品行銷者／產品經理
實務上的最佳接觸點

至關重要的是實踐各種對組織、形勢和資源有效的方法。以下這些最佳實務流程值得我們視自身情況善加利用：

- **堅持不懈：不斷領會市場適配的真諦。**對於初創期的新創公司，產品與市場適配是基礎要務。至於處於發展後期的企業，應該規律地對客群和面向市場的團隊進行一系列小規模的市場測試，以確保訊息傳達和各項行銷方案達到預期效果。本書第 11 章將聚焦於此一課題。
- **每週例行會議：產品行銷人員參與產品團隊的定期會議。**至於開哪些會議則取決於產品團隊的組成方式及其會議節奏，但產品經理和產品行銷人員應該時常聯繫，每週至少與整個產品團隊開一次會。
- **每月或隔月例行會議：定期審核產品計畫。**許多公司各自以不同形式進行，但同樣聚焦在定期審視從產品學到了什麼、行銷上有何發現、客戶對產品的忠誠度有何變化。我們可以進一步釐清創造出的解決方案哪個效果顯著，進入市場團隊也更容易反映其所帶來的影響。銷售、客戶成功和其他團隊應該參與其中，產品行銷人員更應該強勢參與討論，提高市場影響力或開創在市場獲得優勢的各種機會。
- **每季例行會議：審核產品進入市場與產品計畫。**各種進入市場活動往往得隔一段較長的時間才能見到成效，例如：銷售流程的改變至少要過一季才能看到效果。即使廣告攻勢有其績效指標，但對銷售管道的影響可能要等一段時間才會明朗。我們必須藉由進入市場過程學習到的事物來講述產品故事，以確保相關計畫能反映當下的市場現況。此時優先要務可能必須微調。我將在第 19 章詳細說明一項值得推薦、能驅動高效溝通的工具。

我沒有誇大產品管理者與產品行銷人員雙邊關係的重要性。如果二者夥伴關係運作不佳，那麼產品行銷四大基礎要項將難以落實。雙方的夥伴關係是產品全面發揮市場潛能的關鍵。

第 9 章

與行銷團隊建立夥伴關係

美國證券交易委員會（Securities and Exchange Commission）的金融專家們——負責確保所有例行文書工作及時且正確完成的人——並非大眾會鋪上紅地毯隆重迎接的人。然而，文件和資料協作雲平台 Workiva 的行銷團隊對他們另眼相待。

該團隊投下重金與頂級的活動製作公司合作，舉辦了證券交易委員會專家們前所未見、接連數天的現場活動。在各場集會中，與會者能夠藉由玩人人有獎的轉輪盤遊戲帶走獎品、能享用聖代並保留密封玻璃罐、跟一群熱情洋溢的產品經理及產品行銷人員交談與回答各式問題、聽取種種建議來持續累計積分。每到傍晚還有一些特色的體驗活動，例如：出席在水族館舉辦的聯誼會，或是從專用通道進入主題樂園。

與會人員離開時都成了 Workiva 的**狂粉**，他們在社群媒體上熱切地為 Workiva 創立口碑，此舉在其社群圈實際上前所未聞，甚至還說服許多原本抱持懷疑立場的分析家，使其不可忽視這家擁有如此熱情粉絲的企業。而且，每年這些行銷活動轉化出的客戶還回收了活動相關的

費用。

這場一年一度的行銷活動使 Workiva 可以與更具實力的對手一較高下。這是卓越的行銷團隊協力合作、建立品牌、產生巨大影響力的絕佳範例。他們集體創造客群與公司產生連結的體驗工作，並為產品進入市場鋪好成功之路。

採用適切的行銷組合

這裡我明快地提醒一下，儘管產品行銷通常是指一項行銷職責，但在本章裡，當我提到行銷時，涵蓋行銷涉及的所有職責角色。

行銷對進入市場的多數作為賦予活力，這意味著行銷在顧客體驗公司從電子郵件簽名之類的小事，到 Workiva 行銷活動這類大事扮演著重要角色。行銷界把客群經歷這一切接觸點的「超級組合」（superset）方式稱為品牌體驗（brand experience，我將在第 16 章進一步談論這個主題）。

公司的一切行銷作為並非都與「產品」進入市場息息相關。品牌建立、公關、活動、社群營造或創造需求等行銷專業，都是以公司名義實行，為所有產品和企業的總體目標服務。

產品行銷工作確保產品進入市場的機制適當地運作。相關人員界定策略調色盤（strategic palette）來形塑產品進入市場活動，然後指導如何付諸執行。行銷組織仰賴產品行銷人員來確認他們對產品的認知無誤。

產品行銷人員主導的訊息傳達基本原則——通常由行銷人員測試——是行銷團隊了解在哪種環境條件下該如何宣傳產品的方法。在產品

進入市場計畫中，產品行銷人員主導的策略基本原則是，行銷團隊必須通曉行銷的**緣由**與**時機**。各團隊就最契合產品進入市場目標的**內容**和**方法**協作。

對圈外人來說，特定行銷活動與產品進入市場產生連結的方式並非總是顯而易見。以下的清單雖不是應有盡有，但攸關行銷團隊在典型活動致力達成的事（任何行銷術語的詳盡解說請參閱附錄）：

- **使客群察覺問題、解決方案及提供解方的公司**。常見的相關行銷活動有廣告、網站、搜尋引擎優化、報刊文章、分析師報告等，其中廣告播放載體分為二類，其一為傳統型，例如：電視、廣播、傳單、戶外看板等，其二為數位型，例如：行動裝置、搜尋引擎或顯示器。

- **鼓勵受眾考慮一項解決方案**。常用的方式有白皮書、影片、各種顧客故事、活動、電子郵件、基於帳戶行銷（account-based marketing，也譯目標客戶行銷，產品公司先選定有價值的帳號清單，行銷和銷售團隊透過正確的通路和個性化行銷活動來達成銷售目標。）、直郵（direct-mail）、夥伴關係、公關和報刊文章。

- **促進購買或換新產品**。常見方式有訂價、包裝、客群活動、評論等。這個組合的部分目標同屬於客戶成功團隊的目標。

- **強化品牌知名度和忠誠度**。常見使用的方式有顧客社群、社群媒體、內容、商務通訊、影響力人士、第三方活動和報刊文章。

廣泛且協調一致的組合是產品進入市場的致勝配方。要找出最具成效的組合往往需要審慎地實驗，而且組合將隨著時間推移和產品採用生命週期而變動。這就是產品行銷與行銷二者間持續不斷協作的關鍵原因。

進階學習｜夥伴關係運作良好的各項指標

- 行銷人員了解市場的細微差別和最佳的客群區隔方法，而且有自覺地培養有助於善盡職責的關鍵洞察。
- 行銷人員理解產品價值的相關脈絡，也明白重要的不只是特色功能，並且擁有助益於行銷團隊做好工作的強效訊息傳達框架。
- 行銷人員知悉各項眾所推薦的活動背後原因，而且為了打進新市場或既有的市場，探索過林林總總的新想法。行銷團隊的作為遠不只是在過往行之有效的事上加倍努力。
- 關於品牌產品命名的各項決策是由各團隊夥伴協力完成，考量時也納入了公司品牌的格局。
- 公司能夠長久地承擔獲客成本。
- 各團隊在調適產品相關的行銷方法上協作以應對市場變動。
- 產品行銷人員覺得行銷團隊各種行動有利於實現產品進入市場目標。

為成功做好準備

產品行銷人員在行銷團隊裡扮演產品大使的角色。他們確保行銷與產品策略協調一致。產品行銷人員和行銷團隊相互合作以擴大產品進入市場活動的涵蓋範圍。

為行銷組合帶來多樣性及嘗試各種新點子是產品行銷夥伴關係的重要事項。產品行銷人員堅定不移地力圖找出新方法來拓展產品進入市場計畫，行銷團隊則透過堅持不懈地使用產品，從中找出改進行銷結果的手法。經由密切合作，所有參與者都能迅速從中學到新知。

在大多數組織裡，產品行銷人員隸屬行銷團隊，而且能在不同團隊自然而然地建立一致性。一些組織的產品行銷人員則隸屬產品團隊（我將在第 26 章深入探索其利弊得失）。然而，這些結構都不保證能促成良好的協作關係。最重要的是設定流程，使產品行銷人員能系統化地與行銷相輔相成。

在行銷界愈來愈流行的敏捷行銷（Agile marketing）正是採取這種方法，由產品行銷人員主導，其與行銷專家一起召開每週例行會議，研商並敲定各項工作的優先順序，以及確認從新近的各項活動學習到的成果。我將在第 12 章進一步探討這個課題。

反面模式，以及更有效的做法

雖然行銷團隊執行產品進入市場的大部分工作，他們往往不清楚自己正失去顧客，或是不明白展開進入市場計畫的產品脈絡。他們在執行上可能無法契合客群的實際行為或感受。因此，行銷團隊除了看

重活動帶來的人流，還應該同時省思活動傳達了確切的訊息嗎？

- **活動有成效，但產品未獲明確定位**。所有活動都有績效指標，而我們很容易偏重個別活動的成效。我們可能於短期內投注巨資，尤其投入在數位行銷上，卻未必產生期望的結果。成效好不好始終與預期目的息息相關。

  更好的做法 活動規畫納入產品行銷這個環節，總體的來說，有助於確保產品有適當的、傳達適切的訊息及符合公司各項目標。

- **對當前的現實來說，「未來狀態」（Future state）遙不可及**。我見過行銷人員努力促進一個抱負不凡且與產品現況相距甚遠的未來狀態，試圖藉此來解決進展緩慢或缺乏差異化的問題，結果反倒減損了公司的信譽。在激勵人心和可信度之間尋求合理的平衡十分困難，但無疑是至關重要的事情。

  更好的做法 產品行銷人員做為理想的夥伴，應該在啟發人心、雄心壯志的未來目標和產品當前實際效用之間找出平衡點。

- **創意上具有優勢但未能與客戶產生連結**。有時行銷團隊會愛上某個引人矚目但對目標客群來說不切實際的想法。聰穎的點子始終能占有一席之地，然而也必須與產品產生連結才能派得上用場。

  更好的做法 產品行銷人員成為顧客的耳目。在斟酌出色的新點子能否成功並做成任何決策之前，先密集地測試客群以了解他們對新點子的反應。

進階學習｜產品行銷人員／行銷團隊最佳接觸點

以下是一些最佳實踐方法，與產品經理的情況一樣，請執行適合你的組織及其特定情況的操作：

- **每週例行會議**：定期開會達成共識。行銷團隊和產品行銷人員雙方合作確保優先舉行合適的活動或調用合宜的資源。產品可能會有若干變動，或者有某些更緊急的需求理當優先因應，例如：必須迅速且口徑一致地回應競爭者。開會時也應該檢討各項行銷活動是否必須微調。我將在第 12 章運用敏捷行銷實作方法來探討如何做好這件事情。
- **每月例行會議**：活動檢討。合適的節奏是每月檢討一次，確認我們學習到的哪些事情能應用到下個月的計畫裡。每月一次的步調也很適合用來檢視行銷漏斗各項指標，因為我們需要時間來省思任何變動。產品行銷人員和行銷團隊可以藉此了解各項作為是否有助於達成公司預期的結果。
- **每季例行會議**：重新審視產品進入市場和行銷漏斗各項指標。行銷團隊必須與時俱進、相應地變更產品優先要務。這也是將銷售結果與下一季工作目標連結起來的關鍵時刻。第 19 章將介紹一項優質且可靠的工具來幫助你完成這項工作。

第10章

與銷售團隊建立夥伴關係

在某家公司，當中間市場銷售團隊沒能達標且落差很大時，每季例行檢討會議上他們往往只有一個要求：提交各種書面資料。

這並非發生在二十年前，而是最近幾年的事，況且如今司空見慣的做法是製作數位的產品宣傳材料。這難免讓行銷團隊目瞪口呆，因為書面資料不但其他銷售團隊不會索取，而且僅有中間市場銷售團隊要求這麼做。

備受各方壓力之下，中間市場銷售團隊還會宣稱，公司需要紙本宣傳品給潛在客戶帶回辦公室，使產品在他們心目中占有更優先的地位，再者現在也沒人這麼做了，公司的書面資料更有可能脫穎而出。

這是一支惡名昭彰的銷售團隊，因為他們總是追求那些銷售教戰手冊上沒列為目標客戶的公司。當行銷團隊質問是否因鎖定了不合適的客群導致沒能達標時，該銷售團隊領導者會駁斥說，「不是，我只是需要書面資料。」

這不是誰對誰錯的問題，而是一方提出需求，而且不可討論。他們斷定書面資料就是解決之道，而不是尋求協助：更有助於顧客記憶、

鼓勵他們追蹤產品的種種提示。行銷團隊在中間市場銷售團隊採取防備姿態之下，無從詢問他們鎖定潛在顧客的方法。這對於行銷與銷售的夥伴關係並非好兆頭。

產品經理考量顧客回饋意見來創造顧客所需產品，產品行銷人員依循同樣的道理來推動銷售和行銷。他們權衡銷售團隊的回饋意見，並與行銷團隊協力開創回應銷售團隊一切努力的最佳方式。他們還把銷售人員各項需求傳達給產品團隊，幫助隊員決定產品開發工作的優先順序。

在上述特殊案例中，行銷團隊擁有書面資料以外的許多想法，而且符合銷售團隊的需求：以電子郵件寄發客製化的影片、直接發送後續郵件，或在理想顧客側寫方面提供銷售人員額外訓練。這一切都應交付討論。

如今，行銷和銷售密切合作的活動已成為成功進入市場的籌碼。如果做不到這點，產品將難以在市場上脫穎而出。簡而言之，銷售與行銷團隊如果不能建立卓越的夥伴關係，銷售員無法以其所需的速度達成各項目標。成功的關鍵在於，從銷售團隊與產品行銷人員建立傑出的夥伴關係做起。

在緊急事務和重大要務之間求取平衡

銷售團隊渴望知道，對什麼人說哪種話能夠促成交易。他們的工作動力來自透過成交來達到每季度的業績目標。為此，他們需要銷售管道和訓練，而行銷團隊是他們落實目標的手段。

銷售員仰賴產品行銷團隊來掌握必要的關鍵知識。具體來說，產品行銷人員著眼於在市場上形成相關知識，而不是依靠直接來自產品

團隊的原始資料。產品行銷人員也為產品創造令人印象深刻的內容和各種銷售工具來協助銷售。然後，他們施展行銷專業能力，確保行銷活動能促進產品進入市場和熱銷。

銷售團隊和產品行銷人員之間自然而然地存在緊張關係。銷售員渴望當下完成任務，而產品行銷人員則企求做好每個階段的工作。

平衡雙方關係的最強效工具是（1）參考客戶清單；（2）銷售教戰手冊。第一項對於第二項是必要的，因其提供具體的生活實例，能夠從中發現獲致成功的最佳實踐方法。確認成功的實踐方法之後，再將其寫進銷售教戰手冊中，讓其他人一再活用。然後，產品行銷人員應該確保銷售團隊在教戰手冊的重點事項上獲得培訓，包括：產品展示、回應競爭及完成概念驗證。

教戰手冊必須指出各銷售階段的確切行動、下一步驟、各項相關的工具、顧客體驗流程各階段的準則等。產品行銷人員在公司發展初期推動教戰手冊的製作，並持續與銷售團隊密切合作，進一步確認什麼樣的方法能反覆地獲致成功。教戰手冊將產品行銷創造的可行工具與銷售流程連結起來，只要依循優質的手冊，能力一般的銷售員也能以超越平均值的速度建功立業。

管理其他行銷活動的優先順序必須從審慎檢視漏斗指標（例如：轉換率和各階段經歷的時間）來著手。產品行銷人員和行銷團隊雙方應該共同檢驗行銷漏斗的每個階段，並進行一些必要的調整。

總體來說，當涉及直接銷售員時，在把行銷漏斗提升到更高的階段之前，應該優先調整漏斗較低階段。如果潛在客群於體驗流程的最終階段沒能轉為顧客，那麼讓更多潛在客戶開始體驗流程也毫無意義。

行銷團隊和產品行銷人員可在這些關鍵要務上協力支援銷售團隊：

- 聯手確定理想顧客側寫、目標客群區隔、目標帳戶清單；
- 確立客戶體驗旅程地圖；
- 創造各種銷售工具，包含：銷售簡報、電話銷售講稿、開發潛在顧客的電子郵件範本；
- 提供產品資料、相關影片、用於網站的產品資訊；
- 基於產品關鍵訊息的產品展示；
- 應對競爭的各種工具；
- 確保顧客相關故事或個案研究能派上用場；
- 組織客戶諮詢委員會；
- 辨識新的目標市場；
- 確認對產品定位和目標客群至關重要的關鍵活動；
- 訓練銷售人員並對其授權賦能，與銷售團隊攜手設想鎖定目標客群的方法。

產品行銷人員為銷售團隊設定策略框架，而行銷和銷售團隊則負責執行大部分工作。

進階學習｜夥伴關係運作良好的各項指標

- 銷售團隊的產品知識充足，並且以經由區隔的合適理想客群為目標；

- 銷售人員遵守銷售教戰手冊；
- 銷售管道有合理的潛在客流，而且每回發現缺口時，銷售與行銷團隊均共同設法修補；
- 行銷材料能引發受眾的共鳴，並且清楚指出大眾當前的痛點；產品行銷人員有助於行銷團隊務實地應付當務之急，同時適度地保持雄心壯志；
- 行銷內容、媒體宣傳或分析師報告等行銷活動切題、適時且引人入勝。產品行銷人員確保銷售團隊擁有廣泛的行銷工具來幫助他們實現理想。

為成功做好準備

　　銷售團隊在進入市場過程中負責一對一、訴諸人性的工作；行銷團隊則進行一對多的、可擴增的任務。良好的銷售與行銷夥伴關係不會只仰賴個別領導者的領導力來獲致成功。

　　產品行銷人員需要有系統性的方法定期與銷售團隊協作。這要從領導者賦權各團隊來建立協作夥伴關係做起，然後還要界定團隊相互交流的方式，例如：產品行銷人員應該參與每週的例行銷售管道檢討會議，好了解何者行得通、哪些行不通。這有助於他們因應實際銷售情況去調整行銷方法。隨著公司愈趨成熟，銷售預測會更準確，而檢討會議的節奏和機制也會隨之進化。

　　但正如 StartX 公司的案例所顯示，如果沒有優異的產品行銷，銷

售恐將一敗塗地。我們也需要明確的客群區隔來提高銷售成功的達成率，以及能證明產品如宣傳那樣管用且不可或缺的參考客戶清單。

最有利於銷售成功的工具是在協作過程中創造出來，而且融入了銷售團隊的種種貢獻和試驗。銷售員在日常應對各種市場情勢時，理當裝備精良且準備充足。

銷售團隊也需要易於銷售的產品訂價和包裝。包裝往往是由產品行銷人員主導，而且他們對於訂價也同樣舉足輕重（參見第 17 章）。銷售人員必須簡要地以顧客易於理解的方式說明訂價和包裝脈絡。銷售團隊常與各企業採購部門洽談，因此必須通曉如何談論產品價值，而非只是精通議價的方法。

反面模式，以及更有效的做法

如果產品是成長的引擎，銷售就是燃料。行銷團隊如同加油站，產品行銷人員則是加油站服務員，他們負責確保銷售動能能夠達到下一個目標。當彼此協作不順遂，銷售結果將落後於預期。根本原因可能出於行銷和銷售的組合，但我們也應避免以下這些負面的運作模式：

- **行銷成為銷售的一項服務**。如果行銷團隊未經產品行銷人員指導而為銷售提供各項服務，行銷活動很可能變成只專注眼前需求，而忽視策略需求。

  更好的做法 檢視哪些因素朝產品進入市場目標邁進，並善用資料協助決定優先要務。
- **在銷售人員投入之前，客群對產品缺乏認知**。當今絕大多數顧

客的體驗旅程屬於自助導向，如果他們在任何方面都無從認識你的產品、解決方案或公司，銷售工作將難如登天。「亂槍打鳥」（spray and pray）的方式成本不菲，而且僅適用於具規模、各界廣泛認知的成熟組織。

更好的做法 活用各種鎖定目標的行銷方法，明確地專注於銷售員投入的客群或鎖定的帳戶。目標客戶搭配客戶體驗旅程是絕佳的方法。

- **不遵守銷售教戰手冊或未善用官方宣傳材料**。銷售員為了完成交易會有一些特立獨行的舉動，然而這可能對公司造成損害。我們無法保留那些未能與產品契合的顧客。前後矛盾的訊息無法維繫產品定位，不利於公司整體的進入市場機制。

更好的做法 如果各項工具未在日常實務中派上用場，表示它們不符合銷售員的需求，或銷售團隊沒有始終如一地對產品定位當責不讓。如果教戰手冊和各項工具是群策群力的產物，使用起來將卓有成效。理想的做法是選出一組銷售代表，讓他們與產品行銷人員在一段期間內合作開發銷售工具，確保它們能獲的廣泛採用和發揮成效。同樣地，在調整策略、訊息和活動之前，應該先進行各項測試。然後，銷售領導者就銷售代表開發教戰手冊和各項工具的應用結果追究責任。

進階學習｜產品行銷人員／銷售實務最佳接觸點

跟上述一樣，我們應該依據組織及其特殊情況來調整下面這些做法：

- **每週或兩週例行會議：銷售管道與行銷方法檢討會議**。這包括參與每週或隔週的銷售會議或電話會議，以商議銷售管道和活動展望的相關問題。會議形式取決於公司的規模和組成方式。在此會議中可以直接討論行銷活動如何與各項銷售協調一致。產品行銷人員有助於決定策略上應對挑戰的最佳方法：產品是否有不足之處？產品定位和訊息傳達是否需要調整？產品行銷人員和銷售團隊之間是否有資訊或訓練方面的落差？

- **每月例行會議：共同分析銷售漏斗**。理想的方式是讓行銷團隊加入討論，這能診斷目標工作，例如：具競爭力的新資產、及時熱門話題的電子書，能否增進銷售或行銷的成效。每月檢討可以使各團隊看清楚什麼能夠產生實際影響。同樣地，行銷與銷售團隊之間通常會在工作交接事項上建立明確的服務水準協議（service level agreements，服務提供者與使用客戶之間就服務品質、水準以及功能等方面達成的協議）。產品行銷人員觀察二者交接事項的績效，以了解任何一方有無必要調整工作內容。

- **每季例行會議：重新審視產品進入市場和漏斗的各項指標**。這裡的重點在於，銷售和行銷團隊雙方坦誠地討論業務通路所需成長幅度，以及行銷團隊應該提供多大的支援等。產品行銷人員應該確保這能為產品優先順序的相關決策提供資訊，也可能要提供一些額外的工作來支援未直接受產品進入市場策略指導的銷售員。

直接銷售團隊如果不能與產品行銷人員建立積極互動的夥伴關係，銷售工作將難以獲致成功，最優質的夥伴關係是銷售員奠定佳績的基礎。

第11章

發現與再發現市場適配

法規要求從業律師使用書面文件來執行工作。法律文件裡連項目符號的縮排格式都有嚴謹且明確的規定。當我在微軟 Word 團隊任職時，Word 的功能還未做到正確無誤。

我在該團隊最後一年，Word 不僅不是法律界標準文書處理工具，反倒微軟昔日競爭對手 WordPerfect 唯一立足之地就在於此。

為了探究原因，產品團隊逐一拜訪全美各家未採用 Word 的律師事務所。他們檢視了數百份文件，並深度訪談數十位法界人士，從而領會到 Word 必須採取一些重大應變措施，才能滿足法律特定文件格式的種種需求。

微軟必須重塑 Word 的基礎排版，才能推出「法律界會愛上」的版本，而新版本的釋出至少要等到重大產品發布週期，即使這是我們最大的成長市場。在產品各項問題獲得解決之前，我們無法全速衝刺。

專攻法律市場的產品行銷人員想出了使現有版本與市場現況適配的方法：行銷工作聚焦於對科技較熱中的律師事務所，例如：想善用其他微軟辦公室套裝軟體工具的事務所，像是在審判庭時以 PowerPoint

做簡報，或是運用 Excel 來製作圖表。

　　如今，Word 早已成為法律市場上的一流產品。此事顯示，即使產品早就發展成熟，產品與市場適配不見得會一成不變。當產品和市場進化時，我們必須回應「期望爭取到的客群」的需求。進入市場的方法必須順應顧客與市場的現況。二者形塑彼此。

　　因此，發現及再發現產品與市場適配是產品進入市場最重大的挑戰之一，也是做好產品最重要的部分。實際執行者並非產品行銷人員的專屬工作，不過理解相關道理並將其應用於產品進入市場，則是產品行銷人員的專屬職責。

產品與市場適配的市場端

　　許多公司找到最初的市場立足點之後，就認定找到了產品與市場適配，最後卻發現事業成長陷入停滯。原因絕對不止一個，但關鍵往往在於不夠關注市場適配問題。正如 Word 在法律市場的案例顯示，開發產品和找到市場並非毫不相干，而是並行不悖的事情。

　　我所謂市場適配，意指「市場拉力」（market pull）。它促使顧客需要或渴求你的產品，並**付諸行動**去進一步了解、試用或購買產品，而且這個模式可以重複循環利用。

　　我們的產品除了要有易用性、實行性、商業可行性，在發現產品價值的探索過程還要找出市場拉力。這是最重要、也最艱難的任務，而且是未充分開發的領域。

　　即使人們說**他們將使用或購買很多產品，請不要把這說法與產品合意（product desirability）混淆**。對於促成客群實際購買的決定或

行動，並非所有試驗和技巧都具有同等效用。

確認市場適配的關鍵在於從探索工作汲取資訊，並應用到人們在現實生活中**實際會做**的事情上。試想一下，當市場飽和時，或在競爭激烈、預算有限、維持現狀也很好的情況下，人們將如何行動？

探索產品價值，不可以只問「你會不會買這種產品、會不會向我們購買、你期望售價多少？」評估市場適配必須更深層地探究激發購買行動或創造迫切需求的各種市場條件。有時這也與產品的配銷方式息息相關。

許多公司在應用所學和理解市場弦外之音方面苦苦掙扎。對此，至關重要的是與產品行銷團隊建立夥伴關係。出色的產品行銷人員善解市場的微妙差別，有助於更加細微的產品探索。

他們擅長顧客區隔，例如：找出有影響力的產品傳教士，而不是只專注於潛在的客戶。他們也了解，比起產品比較網站或開發人員論壇的文章，口碑更能影響客群實際試用和體驗產品。

產品行銷工作包含綜合一切學習成果，將其融入明智的產品進入市場計畫，以及確立產品定位和產品訊息傳達。最重要的是，一開始就要徹徹底底地完成產品探索工作，並提供資訊給產品行銷團隊。

及早探索，時時探究

來自分析師、第三方和趨勢報告的傳統市場研究總是能幫我們了解市場脈絡，不過掌握市場脈絡的最佳方式莫過於親自與顧客對話（用「訪談」一詞可能令人生畏）。

產品經理主導的探索始終應該涵蓋這些基本要項：

- 客戶果真如你所想的那般嗎？
- 他們真的有你認為的那些問題嗎？
- 現今的顧客如何解決那些問題？
- 什麼能促使他們轉換產品？

產品與市場適配等式的市場端，著重於探究我們感知價值背後的原因，以掌握各種影響人們思維、驅動成長和創造迫切需求的市場動力。我們不須時時提問以下的問題，也不是只有這些適合的問題可以問，然而集體的探索工作應該解答這類市場導向的問題。

價值

- 誰最有可能使用產品？什麼人會買？誰會影響購買決策？
- 產品可以解決的問題是他們想優先處理的嗎？
- 他們還考慮哪些類似產品？
- 我的說明／展示哪些內容最吸引你？（頓悟時刻）
- 就急迫性而論，如果你有十分來評量你待解決的急迫問題，每個問題會分配到多少分？
- 你預計花多少錢購買產品？你願意支付的最高價格是多少？你最近買過何種相同價位的產品？
- 你最近買了什麼新產品？購買原因為何？

成長／連結

- 什麼能引發好奇心？

- 他們如何對同事描述我們的產品？（這對傳遞洞察很重要）
- 他們期望在那裡聽人談論此產品？
- 他們期待用何種方式評估產品？
- 什麼能使他們成為產品的狂熱粉絲？
- 哪個經過區隔的客群最有可能採用產品？他們感受到同樣的迫切需求嗎？哪種市場形勢能使他們採取行動？

直接與顧客互動的產品探索技巧都可以應用於各種不同用途——從製作原型到易用性測試、從 A ／ B 測試到西恩・艾利斯（Sean Ellis）的產品與市場適配測試。我也主張大家運用簡單的市場測試方法來迅速獲取指向性回饋，以及闡明人們如何思考和感受，最重要的是，理解人們如何行動。

以下列舉一些產品探索技巧，以及探究市場適配動態的方法：

- **退出調查（exit surveys）**。在用戶離開網站前立即進行意見調查，此時可以使用任何工具以彈出視窗的方式提問：「我們是否能夠採取截然不同的做法讓您留在本站？」
- **訊息傳遞 A ／ B 測試**。這方面有諸多便利工具可用，以及優化網站上的產品描述或產品相關文章。傳遞訊息 A ／ B 測試時，不要只關注效用較好的部分，釐清相對功效差異的部分有助於我們了解有關市場認知的資訊。你的產品定位是否在最適合的類別裡？是否適切地鎖定了能理解產品價值的客群？
- **需求測試**。在網站上提供一個連結，將點擊的網友導向需求測

試網頁，而且只詢問其購買或試用產品的意願。這有助於區別好奇者和真正願意採取有意義行動的人。網頁上產品狀態的資訊應該公開透明（目前只是構想，還是現有產品），除了問有無興趣追蹤產品之外，還可以問「您為何決定購賣產品？」

- **廣告測試**。在社群媒體或搜尋平台上，這是絕佳的傳遞訊息或觀察人們對產品投入程度的方法。我建議進行面向廣泛的測試，例如：傳達勵志的、產品導向的或是問題導向的訊息。我們不須力求完善，但應該努力解讀哪個面向的廣告能促使人們行動，以及從中體會市場趨勢。

- **情緒探測**。就人們對產品、問題或領域的興趣進行情緒基準線（baseline）測量（採用 7 分或 10 分的量表）。首先，讓他們看一段關於產品或競爭對手的影片、廣告、簡短介紹影片，接著再用相同的問題評量其感想，了解他們的興趣有否發生變化。如果有變動的話，應該詢問他們原因。

- **易用性測試**。除了瀏覽主要競爭對手的網站探察網友動態，或詢問人們接下來的行動等常見方法之外，我們還可以觀察人們如何搜尋自家產品和類似產品。比起單獨追蹤自家產品，這種做法更有助於掌握完整的顧客體驗旅程。我們將進一步了解，當人們探尋產品時可能會採取什麼行動。

我鼓勵大家發揮創意、走出戶外去真正理解市場適配。這時你將體驗到不這麼做無以「頓悟」各種洞察的情況。

進階學習│富創意的市場測試構想

我在柏克萊加州大學教授行銷與產品管理，課程的最後一個專案是執行快速的市場測試。學生必須於一週內完成三項試驗，並且評估其市場含義。以下是我最喜愛的一些市場測試構想：

產品：應用程式開發人員資訊安全工具

市場測試：親自傳遞訊息。在大眾運輸車站高舉各式廣告招牌來傳遞各種不同的訊息，並追蹤過路民眾是匆匆一瞥或走近細瞧，以了解他們是否感興趣。最多人掃視的訊息並沒有促使任何人細探究竟，反而較少人投以目光的訊息吸引一些人過來問了若干問題。

市場含義：較具體的訊息對大多數人來說比較無趣，但對真正的目標受眾來說更有趣。

產品：具睡眠追蹤和鍛鍊功能的智慧型手錶

市場測試：於交通尖峰時段在沃爾格林（Walgreens）連鎖藥局前進行短期的面對面民調。他們隔天同一時段又回到藥局前，但這次多了一位身穿醫師袍、始終一言不發的演員參與其中，他在民調員後方不停地點頭，並觀察著不言而喻的醫師背書對人們試用產品的興趣和可能性的影響程度。

市場含義：信以為真的醫師代言顯著地影響人們對產品價值的認知，以及想獲知更多訊息的興趣。

產品：幫人們為科技業職涯做好準備的線上訓練營

市場測試：價值、訂價和品牌知名度檢測。透過價值匹配遊戲讓參與者將五筆不同的美元金額，分別連結到五家在同一領域相互競爭

的公司。然後,他們將結果及參與者回答有關知名品牌在決策中的重要性進行比較。

市場含義:人們傾向於認為自己不會受到品牌聲譽影響。然而,當被迫在知名品牌產品與類似產品之間做出選擇時,他們往往樂意花較多錢購買知名品牌產品,即使在不同的脈絡中,他們對品牌價值產生不對等的感受。

其他了解現有產品市場適配的技巧

正如 Word 在法律市場的案例所顯示,市場適配就是產品功能配合市場現實條件與時俱進。不過,對於現有的上市產品,我們可能特別難認清其是否不再與市場適配。我們可透過以下技巧來驗證產品是否已不再與市場適配:

- **勝/敗分析**。重要的是,了解你贏得和失去顧客的原因。關鍵不在於你輸給了誰(雖然這也很重要)而在於成因。是產品還是流程問題?有多大程度是出於產品或品牌知名度?透過勝/敗分析,你能洞察什麼需要重新框架,或如何傳遞訊息會更有幫助,或產品哪些地方應該改進,或必須變更哪些銷售流程。產品行銷團隊的工作與上述這一切存有獨特關聯,因此找出成敗原因事關重大。

- **如影隨形的銷售拜訪**。銷售員與潛在客戶面對面直接互動，是讓人聆聽銷售電話錄音（許多銷售情報平台都這麼做）無法相提並論的事情。在互動討論時銷售員能看到對方的肢體語言、聽出對方的說話語調，從而分辨沒直接說出口的意思是「還好……」，或是明確的「哇！」。明辨這些細緻入微的差異對於理解訊息尤其意義重大，還能確認是否鎖定了正確的目標客群。

- **意向相關資料**。許多公司設有進入市場資料團隊，可以深入取用基於帳戶的顧客資料或行銷預測工具。這些資料與工具能揭示潛在客戶歷來參與過的什麼行銷活動並促成了產品銷售。某些產品結合了這些洞察和科技統計特徵圖（technographic）、目標企業市場區隔特徵圖（firmographic）及基於帳戶的活動。產品行銷人員能活用洞察槓桿出有益於市場區隔、訊息傳達，以及協助行銷團隊發展活動，校準產品行銷與客群的市場行為對齊。

- **社群／客群的感知**。人們的感知不容小覷。從顧客對產品的評論、到社群媒體貼文，再到（前）員工如何在 Glassdoor 等網站談論你公司，所有這一切共同形成人們對產品和公司的實際感知。正面和負面的感知都能釐清你必須致力於哪些事情。公司聲譽可能受客戶支援團隊與客戶的互動方式影響。你必須慎重地看待這些社群信號，儘管內容不一定是實際情況，卻是能展現人們真實感受的指向性回饋。但我們也要明白，許多人會把他們相信的事情等同於事實。

積極聆聽

擁有積極聆聽特質的人總是能在產品與市場探索上有傑出表現。積極聆聽者不會應付了事或抱持先入為主的想法，他們秉持開放心態專注地傾聽；他們的使命是學習。

在深入探索具體的產品構想之前，以開放式問題來引導對話有助於揭露各方面的市場認知。如果你用自己的觀念來引導對話，等於預設了答案。人們將會輕易地被你思考的解決方案套牢，而非思索自己的解決方案。

同樣重要的是，提供客群充足、截然不同的想法，如此我們才能衡量各種回應的強度。我始終倡議善用評級、排名方法，或是透過詢問「你會按讚嗎？」等方式來評量。

如果你是產品經理或產品行銷人員，理當時時記得「我們必須進行更多有關市場適配的探索」。這兩個角色往往在這方面做得不夠多，而且還需要一些能夠幫助他們善盡職責的洞察。

接下來，我們將聚焦於恰恰相反的「產品進入市場」課題，以及在講求敏捷時代讓各方協調一致的方法。

第12章

敏捷時代的產品行銷

潔德（Jade）成為團隊的產品行銷經理後躍躍欲試，想努力證明自己的實力。首度參與產品團隊站立會議時他專心地聆聽，並迅速指出產品的一項特色功能有益於積極行銷。

在隔週的站立會議上，他期待能聽到該項特色功能的更新訊息，然而事與願違，於是他詢問了產品經理，得到的回答是，如同上週發布版本說明（release notes），產品版本已對外發布。

他震驚地問道，為何沒有任何人告知他。產品經理答說他們已經透過發布版本說明知會他了。於是潔德十萬火急地召集團隊，指示隊員向現有的客群寄發電子郵件，並依計畫展開社群促銷活動。

另一方面，工程部門領導者吉姆帶著多支團隊，群策群力為數個產品發布週期努力，確保增強產品功能、增進穩定性。工程師期待在行銷中看到出色的產品功能訊息，結果卻大失所望。吉姆困惑不解，工程部門早已全力以赴、充分準備，到底是怎麼回事？

產品與進入市場團隊如何協調一致正是敏捷時代的挑戰。舉凡速度拿捏不準、缺乏可預期性、不夠注重溝通與文件製作，各種因素阻

礙著雙方的協調工作，而產品公司必須持續交付產品這點無疑又拉高了困難度。進入市場團隊仰賴較可預期的節奏和規畫來做好分內工作，然而產品團隊努力的結果並非總是能大發利市，而且他們也時常無法理解產品乏人問津的原因。

二者協調一致的關鍵在於闡明彼此的期待，以及制定一個使所有團隊將「產品發布」工作分門別類並據以行動的流程。

敏捷行銷提供我們機會重新思考行銷實務。採行敏捷行銷的公司與日俱增，在產品開發和行銷上採用相同的敏捷原則，使公司有了更具活力的方法來應對瞬息萬變市場。在前述的兩個案例中，產品行銷團隊是讓敏捷模式發揮功效的關鍵所在。

本章將探討產品開發與產品行銷團隊協調一致所需的工具和技巧。

創造產品發布量表

首先，我們應了解一些術語。

衝刺（sprint）是指時間箱管理，產品團隊努力在一段短時期內完成一定的工作量。這不一定意味著提供新功能存取。產品發布（release）意指公開發表為顧客提供有價值的新產品或特色功能組合。這通常包含全公司協調一致的進入市場行動。這個術語實際上使用較不嚴謹，有時也會稱其為產品上市（launch）。

對進入市場團隊來說，產品上市是全公司相挺、跨職責提供奧援的重大產品發布。這往往有一個設定日期，該日期允許與產品發布相關的每個交互點（interaction point）提供支援。產品上市為協調一致的行動創造焦點，促使各項努力帶來巨大影響。大多數公司在一年裡只

會有一到兩項重大產品發布。

從進入市場團隊的立場來看，區別重大產品與次要產品發布有實質的重要意義。產品發布的分類方法攸關產品能否大有作為。

產品發布量表（Release Scale）的目的即是發展共享的產品發布分類方法，以及發展必要的產品進入市場活動。這是一項單純的工具，唯一用途是創造產品開發與產品行銷團隊共同的語言和預期（參見圖表 21.1）。

產品發布量表與詳盡的一切產品上市活動的組織計畫有所不同。產品發布量表為產品發布「類型」，以及為支持產品發布的各項進入市場活動設定衡量標準。產品發布量表闡明特定產品發布的各項廣泛行銷目標，或釐清產品是否對顧客有較高程度的影響而需要更引人矚目的行銷作為。它也理清行銷團隊需要多少前置作業時間來完成工作。

產品行銷人員應該確認各團隊在討論產品發布時聚焦於產品本身。他們往往也管理進入市場各個職責人員，以確保各方協調一致地完成產品發布的一切必要工作。負責實現產品發布量表所列的各項工作者，包括行銷、顧客支持和銷售賦能等團隊人員。

隨著事業日益成長，許多公司會擬定更廣泛的進入市場計畫，或定期召開產品規畫會議，讓銷售、客戶支援、行銷、產品開發、工程、營運等相關團隊研商產品發布的分類方法。

當產品計畫發展到產品發布的階段，各方將公開辯論產品發布所屬的類別／級別，然後決定產品進入市場需要多少資源與支援。

如何創造自家公司的產品發布量表：

1. **明確地定義規模**。我鼓勵大家採用人們易於理解的級別、評分、名稱、數字或階層。公司應該堅持層次分明的系統，讓不同個別階層或團隊的人在大腦裡形成明確的認知地圖。
2. **用過往已知的產品發布做為範例來界定各級別**。這是重要卻往往被忽略的步驟，藉由熟悉的參考點讓人們有一個比較標準。

圖表 12.1 產品發布量表範例

	級別	產品發布範例	進入市場目標	
對客戶的影響	低 1	•應客戶需求修補 •小幅度的功能修補 •小規模的行動發布	•客戶滿意	
	中 2	•「吸引人」的功能	•類別驗證 •取悅客戶	
	中 3	•產業趨勢 •夥伴的整合 •國際化	•重要到能夠選擇市場 •產業驗證 •重要到要能夠贏得交易	
	高 4	•宣布夥伴關係 •主要產業	•廣泛的知名度 •產業驗證 •類別領導力 •客戶驗證 •提升銷售或追加銷售	
	高 5	•主要產品發布 •重建品牌 •新產品線	•領導產業 •主流市場知名度 •增進收益	

3. **辨識顧客所受影響**。大多數的產品改進不可能以有害的方式影響客群，但某些變動則有這種疑慮。改進程度也要在量表上標示出來，為求單純，可採用低、中、高三級來分類。
4. **確認行銷的各項目標**。發布此產品有何市場目的？產品具有競爭力嗎？確認這些資訊有助於人們在量表中精準定位產品發布

典型的資源	前置作業時間	週期
● 產品發布備忘錄 ● 部落格 ● 推特	持續不斷的	每週
所有上列項目加上…… + 網站／行銷活動的特色優勢 +「新」社群媒體行銷活動	1 到 2 週	每月
所有上列項目加上…… + 選定受眾的行銷活動 + 合作夥伴參與 + 競爭性行銷活動	4 週	伺機而動
所有上列項目加上…… + 事實清單 + 短期的前導公關 + 面向顧客的行銷活動 + 合作夥伴間協調一致的促銷活動 + 搜尋引擎優化／應用程式商店焦點 + 銷售訓練 + 活動支援	6 到 8 週	每季
所有上列項目加上…… + 付費的廣告宣傳 + 進階的公關宣傳 + 專門的行銷活動	3 到 5 個月	每年 1 到 2 次

等級，並明白為何某項小產品發布屬於第二級，而另一類小產品發布卻只列為第一級。

5. **確定可用的典型資源和促銷工具。**這工作對於讓產品團隊更了解行銷使用的促銷工具範疇非常重要。我們應該在何時訴諸付費的行銷活動，又該於何時用電子郵件行銷？什麼時候最好拍攝宣傳影片？在上述的案例中，第一級界定了團隊在產品進入市場方面最基本的要務，而往上每一級別都有各自增加的工作。

6. **明確訂出所需的前置作業時間。**沒做過行銷工作的人很難理解行銷活動所需的前置作業時間，例如：網站更新、合法性審查、審稿、設計、媒體邀訪、顧客支持等的準備工作均需時數週。明訂所需的前置作業時間是不可或缺的步驟。

7. **在規畫會議上活用量表來討論產品發布方式。**無論何時談論關鍵產品發布事宜都應該善用量表。我們理當思考「從產品團隊的觀點來看，這是第二級或第三級的產品發布？」此外，我們也要提醒大家，每年有一到兩項第五級關鍵產品發布事項。我們還要考量如何為公司營造關鍵的產品進入市場時刻？欠缺顯著重大進展的公司常會給人一種產品停滯不前的感覺。

毫無例外地，我接觸過的每家使用產品發布量表的企業都指出，量表能大幅地提升產品與進入市場團隊之間的溝通和期望管理（expectation management），而且使用起來毫不費力，有助於實實在在地改善進入市場計畫的執行力，減少無謂的挫折感。

敏捷行銷

近年敏捷行銷大行其道，主要是將敏捷「持續地確定工作的優先順序並隨即調整」的特點運用在行銷方法上，其基本原則包括：

- 應對種種改變而非只是依計畫行事；
- 注重快速迭代而非「大爆炸」（Big-Bang）式行銷活動；
- 不斷蒐集與測試資料而非只是徵詢各方意見和開會討論；
- 進行大量的小型實驗而非少數孤注一擲的豪賭；
- 注重個人化行銷與客群互動而非「大型」的市場區隔；
- 建立協作關係來打破部門藩籬和階層體系。

要使敏捷行銷法發揮最佳功效，產品行銷經理扮演如同產品經理的角色，領導行銷團隊。他們在每週例行 scrum 會議（敏捷法的例會）上領導跨職能專家，包括溝通、廣告、數位、網路、設計等小組，共同討論如何確定當週各項工作的優先順序。這是「做中學」而非「彙報」的會議，如何把學習成果應用到未來工作也是議程的一環。

這種充滿動態的流程可以使迫切的事物被列為優先要務，而非列入待辦事項清單，例如：回應競爭的工具。scrum 會議也是資料導向論壇，提供我們商討行銷團隊應該著重哪些面向，或停止做什麼事。scrum 會議持續不斷地檢視行銷作為是否達到預期結果，也提供一致的檢查點，讓我們確認產品描述是否準確無誤。

scrum 會議使產品行銷者人員演策略家這個重要角色，讓他們查驗

各種想法或行銷活動是否與策略契合；使產品行銷成為優質行銷的核心。這也引出一個問題：如何衡量產品行銷是否有效？我將在下一章深入探討這個課題。

第13章

重要指標

產品行銷工作不像講求數字的銷售，沒有很多衡量績效的確切指標。雖然有一些短期的衡量指標，但對於大多數的產品行銷結果來說，要確認成效都需要一段時間來證明。

評量產品行銷結果的最佳方式可以歸結到你試圖從中獲得什麼。這正是事先做好期望管理如此重要的原因。

產品行銷各項目標

做好產品行銷就是正確地執行推動業務發展的上市相關活動。這就是為什麼產品行銷結果與公司目標如此類似的原因。

由於每家公司有各自的處境和發展階段，因此並沒有單一一套衡量目標或關鍵結果的標準。儘管如此，我們可以參考一些產品行銷的目標與關鍵結果（Objectives and key results，簡稱 OKRs）範例：

- 成為主流顧問研究公司公認的類別領導者；
- 經由發布產品將各項市場知名度指數提升 10 ％，促成

_____（關鍵新市場）採用率占客戶群的 _____%；

- 將產品定位為重新定義為 _____（某項概念），如 _____（某項概念）的集客行銷（Inbound marketing）所獲得的證據；

- 使銷售人員能在競爭下贏得逾 50%的生意；

- 在關鍵的數位和社群平台上，產品福音傳播有機成長 10%。

如果你最關切的是收益，產品行銷 OKRs 將與各項銷售目標更一致。如果你最關注的是市場定位或品牌知名度，OKRs 將更聚焦於跟行銷團隊協作的成效。一般而言，銷售與行銷團隊的績效指標專注於短期的商業需求，例如：漏斗頂部的大小、通路、收益，而產品行銷團隊更聚焦在會影響事業長遠未來的關鍵事項。

進階學習｜OKRs 和關鍵績效指標的差異及個別用途

OKRs 是用於確立目標的目標設定框架，早已成為發展迅速的科技公司最常用的框架。

關鍵結果（KR）是具有目標的特定關鍵績效指標（Key Performance Indicators，簡稱 KPIs）。關鍵結果通常包含團隊正在追蹤的一組 KPIs 的子集。KPI 是衡量重要事項的指標。一般來說，關鍵結果是以特定的 KPIs 來評量。銷售週期時間即是一項 KPI。好比將銷售週期減少 10%（目標）到 45 天（關鍵結果）就是一個 OKR 範例。

採用 OKRs 時，我們應該確認其在各項職能之間協調一致性。在產品行銷團隊裡，OKRs 必須與產品、銷售和行銷團隊協調一致。有時，我們會分享 OKRs，尤其是和行銷團隊共享。

產品行銷各項指標

在運用指標時，很大程度上取決於使用者的觀點。以下是產品行銷觀點的一些關鍵指標（其中很多指標會銷售、行銷和產品團隊分享），以及改善它們的一些可行方式：

各項產品指標

- **心指標（HEART）**：幸福感（Happiness）、投入感（Engagement）、獲得（Acquisition）、保有（Retention)、任務成功（Task Success）。通常為產品和用戶體驗指標，產品採用和顧客留存（retention）方面可能有產品行銷或行銷上的意義。產品行銷人員扮演產品團隊的大使，並將跟產品團隊相關的學習成果帶給行銷團隊，從而積極地增進產品指標或用戶參與度指標，例如：在引導客群熟悉產品的過程中失去顧客，可能必須由行銷團隊寄發一系列電子郵件，促使流失的客戶重新對產品產生興趣。
- **顧客漏斗指標**。取決於產品進入市場模式，這可能是由行銷團

隊或產品團隊負責追蹤，顧客漏斗指標屬於參與度指標，以及從一個階段到下一個階段的流程指標。如果漏斗缺乏不同階段的轉變，應該檢視需要改善哪些計畫、工具、流程或產品層面，好促進不同階段的變化。產品行銷人員可能引導特定的戰術來增進從一個階段到下一個階段的轉化，例如：鎖定目標的直接郵件、新的電話推銷講稿、影片教學。

各項行銷指標

- **顧客在體驗旅程的參與度**。這通常是由行銷團隊負責追蹤，他們能獲取潛在客群對什麼內容、網站和網頁感興趣的相關資料，當中包括第三方網站。我們應該隨著時間推移，持續地同時檢驗這項指標和銷售的階段性變化。產品行銷人員活用這些資料來幫助公司發展客群，或提供銷售團隊最需要的促銷資訊使顧客有所行動。產品行銷人員也與行銷團隊合作，協助調整行銷組合。

- **行銷有效潛在客戶**（Marketing qualified leads，簡稱 MQL）。通常由行銷團隊追蹤，而且收益成長應該和潛在客戶的成長同步，否則即意味著顧客漏斗有運作不良之處。在產品主導的組織裡，產品有效潛在客戶（product qualified leads，簡稱 PQLs）可以增強或取代行銷有效潛在客戶的定義方式。產品行銷人員和行銷團隊合作，協助完善目標客群區隔、精進客戶參與度，以及判斷什麼可能阻礙我們擴展潛在客戶與可預測性。

- **發現自來客**（Inbound discovery）。由行銷團隊負責追蹤，

以優質網站內容吸引訪客入站的自然搜尋流量，對直接搜尋流量得出的訪客比率可做為產品知名度和品牌定位的一項指標。絕對數字並不會有太多意義，但數量隨時間推移而發生的變動能夠顯示，我們是否必須更專注於產品知名度或品牌定位。

各項銷售指標

- **銷售週期**。由銷售團隊負責追蹤，旨在找出與進入市場模式相符的各種趨勢（不要期盼企業銷售週期只歷時數週）。銷售週期應盡可能可預測。當我們遇到與契合的顧客快速地成交時，要確保各項流程經過檢驗和記錄，以利日後反覆操作。

- **勝率**。這可以是成交相對於失敗，或是勝率相對於競爭的組合。這兩種指標都由銷售團隊負責追蹤，但如果對業務來說其中有任何一項指標不盡理想，通常產品行銷團隊會帶領檢視什麼行得通、何者行不通。然後，他們會活用學習成果來檢驗訓練、工具、流程、銷售教戰手冊、行銷活動組合、訊息傳遞、產品定位、訂價、包裝，以及第三方產品傳教士，以認清什麼對贏得交易最有正面影響力。

各項財務指標

- **產品轉換率**（conversion rates）。對生產多樣產品的公司來說，即是監看產品組合是否與事業成長目標協調一致，例如：如果公司力圖打進新的垂直市場，則有多少百分比的新商標或新收益將來自新市場？如果沒打算這麼做，則得思考何種誘因、

訊息、工具、品牌、包裝、訂價或夥伴關係有可能加速我們渴望的產品組合成長。

- **獲客成本**（customer acquisition cost，**簡稱 CAC**）。如果行銷通路組合、訊息傳達和產品定位行之有效，獲客成本將呈現下降趨勢或維持。如果獲客成本逐漸增加或難以長期負擔，則應該檢討客群區隔、訊息傳遞方式及行銷活動組合。

- **顧客終身價值**（lifetime customer value，**簡稱 LTV**）。如果以鎖定適合的客群為目標，顧客終身價值相對於獲客成本將維持在有益事業發展的比率。如果比率不正常，即表示產品存在問題（沒有能夠留住客戶的價值）、產品定位值得商榷（交付的產品不符合顧客的期待），或是銷售訓練有所欠缺（賣點和客群的期望有落差）。這時應和其他團隊一起檢視各項問題，務必釐清其在產品行銷上的含義。

- **留住客戶**。顧客是否足夠了解產品的價值、並持續使用它是一個重要的落後指標。淨推薦分數（net promoter scores）或其他定期的顧客滿意度指標，則可做為留住客戶的領先指標。如果客戶留存率低於預期（這會因企業型態不同而有差異），產品行銷團隊應該檢驗所有的進入市場相關材料，確認是否有與客群期望、銷售流程、售價、包裝脫節的問題。

耐心與堅持不懈

做好產品行銷工作需要時間，評量其成效同樣需要時間。產品行銷團隊如同其他所有團隊，當發現有一套標準可衡量其結果時，他們

才能發揮最大潛能。為了實現此目標，公司必須明確界定他們對產品行銷這個角色的期望。產品行銷團隊將據此展開進入市場的行動，適當地回應市場各種現況。

　　我將在第 3 篇深入探討各種塑造強效產品進入市場模式的方法及概念。只要操作得宜，它們將為產品和進入市場團隊設定一個具有明確目標的框架，並做出有益事業發展的決策。

第3篇

策略家：護欄及槓桿
——用來引導產品進入市場策略的各項工具

第14章
當策略引導產品進入市場時：Salesforce 案例故事

　　「夢想力量博覽會」（Dreamforce）就像是「軟體即服務」（SaaS）的超級盃（Super Bowl）盛事。Salesforce 在舊金山主辦的這場全球會議，每年吸引 120 多國逾 17 萬人共襄盛舉。期間有數千場活動、數十種新產品發布，還有奧運金牌得主、米其林星級廚師和各產業巨擘等與會發表演說。在這場影響深遠的大會上發表的產品能立即獲得廣大的市場知名度。

　　然而，蜜雪兒‧瓊斯（Michelle Jones）決定不在這場盛會上發布新產品。當時他擔任 Salesforce B2B 商用軟體產品行銷主任，他認為較早舉行且規模較小的芝加哥「Salesforce 連結會議」（Salesforce Connections）是發表產品的更好選擇。這項決定及其他一系列深思熟慮的進入市場行動，凸顯蜜雪兒及其團隊那時如何推動 B2B 商用軟體成為 Salesforce 主要的成長動力之一。

　　自信又堅定的蜜雪兒最初展開職業生涯是在安永（Ernst & Young）擔任分析師，之後在 Gap 擔任產品規畫師。這意味著他擅長洞察顧客和市場。B2B 商務的客戶是力圖銷售產品的公司，對他們來說，

第四季假日期間是最忙碌的旺季，因此根本沒時間去關注通常在秋季召開的夢想力量博覽會上發布的任何新產品。

挑選適合產品時間軸的發布日期並非難事。蜜雪兒必須使他的產品在當時 Salesforce 還有九十多種產品中，成為值得發表主題演說的核心焦點，並讓龐大的銷售團隊為此產品做好準備。

他創造了一則故事，巧妙地把市場趨勢和客戶利益結合起來，藉以展現 Salesforce 的平台如何為企業提供強效的成長引擎。採用此產品的公司能夠輕易地增添實用功能，使企業對消費者商務網站的購物體驗及 B2B 交易更順暢、訂單的準確性更高。他強調，這項產品將使客戶從現有的投資中獲取更多好處。

蜜雪兒明白，如果客戶實際體驗這些好處，這則故事的公信力會更強大。他確保三個截然不同的用戶樂意在產品發表會上公開提供見證，他們分別是工業產品製造商藝康集團（Ecolab）、化學產品配銷商 Univar 和美妝產業品牌製造商萊雅集團（L'Oréal）。

著名諮詢公司顧能（Gartner）擁有極大的影響力。因此，蜜雪兒跟產品團隊及分析師關係團隊合作，贏得顧能研究部副總暨分析師潘妮・葛萊斯比（Penny Gillespie）的支持。他們得以在產品發表會上引用葛萊斯比的話，指出「此產品彌補了 Salesforce 在數位商務功能方面的一大不足。它也與 Salesforce 現有的銷售賦能、採購到付款（procure-to-pay）、訂單輸入入口網頁（order-entry portals）等應用程式相得益彰，能進一步完善 B2B 通路。」

蜜雪兒的關鍵產品傳教士是公司內部的銷售團隊，然後產品最大的市場是 Salesforce 現有客群，所以他創造各項銷售工具時必須把這些

角色考量進來。他在更廣泛的平台及各項優勢的故事案例中凸顯產品的特色功能，例如：簡便的再次下單流程、客製化的產品目錄。他也確保銷售上的各項誘因到位，而且他彙整了所有客戶與分析師的背書，使銷售工作從產品釋出首日到下半年夢想力量博覽會登場期間能夠一路順利推展。

上述一切作為是產品發布第一年就大發利市的原因。現在看來，這個 B2B 商用軟體進入市場模式似乎平淡無奇，但蜜雪兒的做法並非總是了無新意；他選擇不在夢想力量博覽會發布新產品，他以內部任務為優先（而非首重外部工作），使銷售團隊得以全力以赴，將產品打造成高階主管演說的重要主題，他更在產品發布前就與分析師打好關係。雖然不是單打獨鬥完成這些事情，但他確保這一切都能實現。

這就是深謀遠慮且面面俱到的產品進入市場方法。蜜雪兒如此卓越的產品行銷能力，天衣無縫地為產品行銷四大基礎要項穿針引線。

- 基礎要項 1. 大使：他十分了解自己的客戶，因此將最大的行銷活動跟最適合客群及產品發布時機保持一致。他也領會到，自家公司內部的銷售團隊與客戶同等重要。
- 基礎要項 2. 策略家：與其配合最大的產品發布機會（夢想力量博覽會），他寧願選擇最適合自己產品的發布時機。他意圖明確地將產品與 Salesforce 更龐大生態體系的種種優勢連結起來。
- 基礎要項 3. 說故事的人：他創造對於客戶、產業和公司富有意義的產品故事，同時凸顯這三者的重要性。
- 基礎要項 4. 產品傳教士：他明白哪些分析師、顧客和銷售團隊

能帶給產品最大的影響力，並確保他們為產品發布做好準備。

有太多公司的產品行銷專注於各項任務而非首要目的：透過符合策略及各項商業目標的行銷活動來形塑市場認知，促進人們採用產品。所有產品行銷活動都應該朝我們意圖達成的目標推進，如此我們才能獲得更有效的結果。

蜜雪兒的各項作為：產品訊息傳達、產品發布記者會、客戶與分析師證言、首次業務拜訪的簡報、產品發布簡報、銷售教戰手冊，在在體現了使產品進入市場模式有效的一切條件，尤其是塑造**時機**和**成因**的策略脈絡。

本書第 3 篇要深入闡釋，各項促成產品進入市場模式更具策略性和影響力的工具和技巧。我將探討一開始策略護欄就到位所能發揮的作用，以及如何重新思考一些時常被誤解的概念，例如：科技採用鐘形曲線、品牌、訂價和整合式行銷活動。我將說明這一切匯聚而成的框架，如何增進組織在任何產品進入市場模式中的一致性。這篇總結章節將講述，如何把產品進入市場納入格局更大的行銷計畫裡，然後你將能看清二者如何相互配合。

第15章

從 iPhone 了解科技產品採用生命週期

　　我曾與一家線上備份公司合作，這家公司最初的目標客群是「擁有美鈔的人」。他們發現，付費給電台節目主持人幫忙背書特別吸引人。然而，仰賴付費的獲客方式往往無法持久，因為成本只會變得愈來愈高昂。

　　這促使其行銷團隊深入探究公司客戶群，他們驚訝地發現，自家客群偏年長者，而這群人通常喜好收聽電台節目。留住年長顧客並非難事，但這無助於事業成長。老年人難以建立口碑，因為年輕人不會向他們尋求線上備份的相關建議，而且他們也不是會寫評論的那類人。

　　該公司必須全面翻轉行銷活動，更聚焦在各種能吸引樂於分享產品的顧客管道。這不但攸關事業成長，也與真正的市場適配息息相關。市場適配只要確定了，他們將獲致更多有機成長。

　　他們再次檢視客戶分析報告，並發現其產品最理想的客群不是長時間流連於社群媒體的二十多歲年輕人，而是三十歲出頭、愛聽國家公共廣播電台（National Public Radio）節目、擔心失去太多——家人

的照片或工作檔案等——的人們。

　　他們的進入市場目標從「所有擁有美鈔的人」轉變成獲取適配的客群，以確保事業隨時間推移而成長。該公司學會科技採用鐘形曲線是一件代價高昂且大費周章的教訓，而且往往是企業，尤其是新創公司，在產品進入市場過程裡最容易忽視的要務。

科技採用生命週期

　　科技採用生命週期（technology adoption life cycle，又稱創新採用生命週期或科技採用鐘形曲線）是任何新科技產品在不同採用群體之間流通的方式。科技採用生命週期呈現鐘形曲線（參見圖表 15.1）。鐘形左方緩升的部分代表著稱為「創新者」的率先採用者和追隨他們的「早期採用者」，隆起的部分為「早期大眾」和「晚期大眾」，然後緩降的部分是對任何新科技採用步調都很緩慢的「落後者」。

圖表 15.1 典型的科技採用鐘形曲線

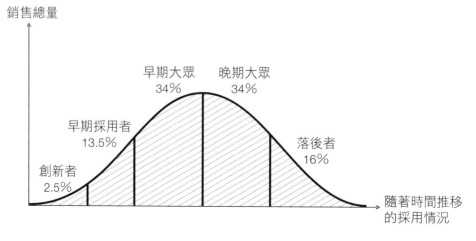

這些採用週期進展的時間通常為 7 到 10 年，甚至於更長。人們採用科技的速度也是如此。因此，行銷意識和行銷活動必須依時推移、層次分明。最常見的錯誤是，團隊誤以為現實中各階段採用者群體進展速度很快，或者不了解最初的採用者以致於沒有為下一階段的成長打好基礎。

這是行銷上的難題，因為沒有簡單的方法可以知道產品處於鐘形曲線的哪個位置。某項產品可能會在鐘形曲線的初期階段停留數年，然後快速地進展到大眾採用階段，或是出現相反的發展模式。前者通常發生於開創型事業，而後者往往發生於大多生產熱門消費性科技產品的公司。

客群區隔並非只涉及人口統計、消費者心理或產業垂直市場。現今的行銷團隊在區隔市場時也必須注重目標客群使用的科技、企業統計（規模、地理、產業）、行為（購買的可能性）、意向（瀏覽競爭對手的網站、閱讀線上內容）、產品使用方式（續約顧客最常使用的特色功能）、瀏覽紀錄、人們在公司內部的各種行動（種種「基於帳戶」的行動）等。

從產品行銷的觀點來看，將科技採用鐘形曲線應用到產品進入市場思維上，意味著了解每個客群區隔對後續產品採用的影響。前述線上備份公司出乎意料地讓年長者成為早期採用者，就是研究相關課題的絕佳範例。儘管從圖表 15.2 看來，他們起初的產品採用走勢很不錯，但無助於達到具成本效益成長所需的客戶基礎。

解決問題的關鍵不在於產品本身，而在於投注大量的時間去大幅度地調整行銷作為。

圖表 15.2 由於既有的顧客並非最佳的客戶，事業無法達到具成本效益的成長，以致於出現停滯期。

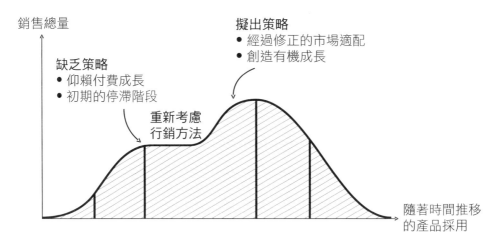

相較之下，產品經理總是尋找著下一個有新需求要解決的客戶，這意味著他們在界定市場區隔的進展上比較快速。他們使用待完成目標任務或是待解決的問題等概念來確定目標客群，而非以潛在市場可能購買產品的客群為概念。這足以說明，為何產品團隊感知產品市場總能領先進入市場團隊。

產品行銷團隊有助於為二者之間的鴻溝搭起橋樑。在擔任產品團隊大使時，產品行銷人員必須以科技採用鐘形曲線的思維提供各項產品決策所需的資訊。在擔任行銷團隊大使時，產品行銷人員應該協助決定各個客群區隔的優先順序，使行銷團隊能夠專注於獲取適配的客戶。當產品行銷人員扮演說故事和傳播產品福音的角色時，必須形塑

產品類別，使人看清產品提供的價值，即使產品超前市場。

對行銷團隊來說，市場區隔方法千變萬化。新創公司可能在十八個月內發布多款產品，而且堅守四個潛在的垂直市場。相對成熟的公司可能在產品沒有改版的情況下，每月增加兩個潛在的垂直市場。

在各團隊確認哪些目標客群對促進市場採用產品最具意義後，應該把透過行銷策略和行動鎖定目標客群的方法，納入產品進入市場計畫中。

把生命週期動力運用到產品進入市場活動

眾多新創公司起初並不清楚最佳目標客群是誰。這是常見的問題，產品與市場適配的迭代有助於找到最佳目標客群。

電子郵件應用程式 Superhuman 公司的拉胡爾‧沃荷拉（Rahul Vohra）詳細說明其團隊發現最佳目標客群的歷程。[1] 他們把早期顧客裡最具洞察力的人定義為「享受產品最大好處又能幫忙宣傳的人」。最重要的是，這驅動了他們的產品策略形塑了產品進入市場模式。

以下是他們的若干做法：

- 極其明確、差異化的市場定位：「體驗歷來最迅速的電子郵件」；
- 使早期採用者的友人能夠「優先參與 beta 測試」（有無數躍躍欲試）；

---

[1] Rahul Vohra, "How Superhuman Built an Engine to Find Product Market Fit," First Round Review, n.d., https://review.firstround.com/how-superhuman-built-an-engine-to-find-product-market-fit.

- 在接受 beta 測試者前先確認身分資格（如果該公司認為你無法體驗產品的種種好處，你就不能成為用戶）；
- 用戶一開始用就收費（不提供免費試用）；
- 提供必要的用戶指導，確保顧客第一次使用就成功上手。

這些對當時的進入市場實務來說是違反直覺的做法，免費試用、無限制的 beta 測試、用戶自行熟悉產品才是業界的標準做法。然而，Superhuman 公司深具信心，因為他們明確體認到最優質的早期採用者將促進產品成功。對無助於公司成長的其他躍躍欲試者，他們則是斷然表示「抱歉，你還沒準備好」。

在 B2B 商務中，買家及經濟決策者跟體驗日常難題的用戶迥然有別，接下來讓我們進一步探討，二者鐘形曲線和各項產品進入市場行動將如何展開。

在網路安全市場裡，資訊安全長是最炙手可熱的高層決策者。上市資安公司帕羅奧圖網路（Palo Alto Networks）在產品進入市場過程，運用了品牌知名度、既有產品、針對資安長各項專案和大型銷售團隊等手段，其鐘形曲線發展過程與沒沒無聞的新創公司大相逕庭。

反觀在新創資安公司的案例中，專注的焦點可能是誰在日常生活經歷了他們產品能解決的難題，而各項進入市場活動必須著重於能夠影響資安長決策的行動上。即使資安產品採購最終決策者都是資安長，鑑於各家公司實力不同，相應的進入市場方法、特定目標客戶和行銷活動也大不相同。

在規畫產品進入市場事宜時，必須留意市場區隔常有過於籠統的

傾向。我最常見到的問題涉及中間市場的中小型企業。在進入市場相關設計上，他們不被涵蓋在目標客戶裡。然而，「樂意採用新科技且指導至少五十家供應商採購業務的中階供應鏈經理」也可能是客戶。同樣地，對於面向消費者的產品公司來說，行銷上的目標客群並非「所有使用網際網路的人」，而是「對新用語和語言感到好奇的文字愛好者」。

深思熟慮且持之以恆

我們不要低估了科技採用生命週期各階段所需的工作，也不能忽視慎重行事的重要性。即使是 iPhone 這款可能是歷來最成功的科技產品，也歷經多年思慮周密的行銷活動才改變了人們的購買行為。

在本章的進階學習，我將一步一步引導大家了解，蘋果公司的產品進入市場各關鍵要素如何相互發揮效用。

進階學習｜哈囉 iPhone：
科技採用鐘形曲線發展歷程

以下是我個人所屬目標客群裡，iPhone 科技採用鐘形曲線發展的歷程，但我大幅簡化了蘋果公司做的許多事情。圖表 15.3 呈現了其鐘形曲線上發生的一些關鍵活動。

創新者

我的朋友麥克（Mike）對蘋果產品十分著迷，當 iPhone 第一天上市時，他排隊購買了第一代 iPhone。數天之後，他發送電子郵件給所有朋友，訴說其第一印象：

圖表 15.3 規畫周全的行銷策略和戰術，再加上強效的產品創新，推動了 iPhone 採用生命週期鐘形曲線的進展

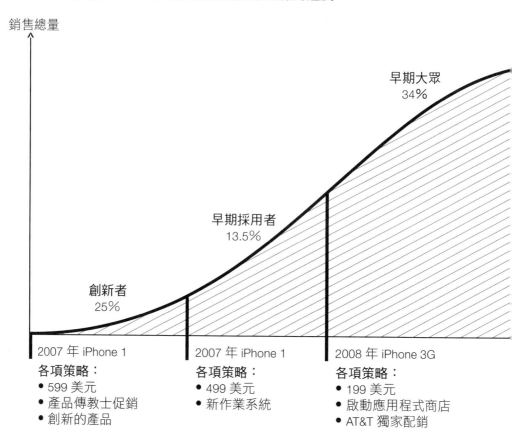

每一方面都如我預期那樣驚艷。令人讚嘆。看影片的效果極佳，如果你沒戴上耳機，可以方便地使用手機的揚聲器地向朋友展示影片。

令我驚訝的是鍵盤很好上手！對「成熟的」技客來說，iPhone 堪稱完美。

:-) :-)
順帶一提：我買了兩支以防萬一弄丟了。

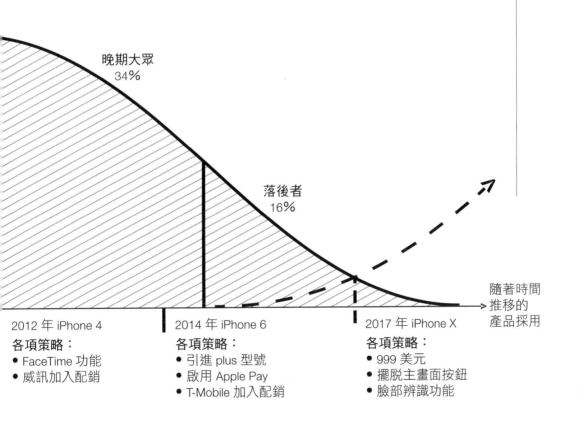

晚期大眾
34%

落後者
16%

隨著時間
推移的
產品採用

2012 年 iPhone 4
各項策略：
● FaceTime 功能
● 威訊加入配銷

2014 年 iPhone 6
各項策略：
● 引進 plus 型號
● 啟用 Apple Pay
● T-Mobile 加入配銷

2017 年 iPhone X
各項策略：
● 999 美元
● 擺脫主畫面按鈕
● 臉部辨識功能

當年 iPhone 售價 599 美元，令人嘖嘖稱奇。這價位旨在鼓勵一小群喜愛特立獨群的群體逐漸採用 iPhone。他們的種種行為將慫恿未來的採用者對這款產品躍躍欲試。

早期採用者

幾個月之後，蘋果推出了作業系統升級版的 iPhone，並把售價調降為 499 美元。由於麥克極力推薦，加上價位較為適當，我安心地買了一支 IPhone，而且那些沒成為第一波顧客的科技迷朋友中，大多數人也開始採用 iPhone。

早期大眾

一年之後，蘋果發布了 AT&T 獨家配銷的 iPhone 3G。這使得新機降價到 199 美元。蘋果同時啟用了線上應用程式商店，並且在第一個週末就有逾一千萬次下載。[2] 就在這時，我在金融業、軍方和工業生產公司任職的兄弟姊妹也紛紛採用了 iPhone。由於負擔得起售價，iPhone 也成為熱門的禮物選項或是向人炫耀的商品。

兩年後，當配備 Retina 顯示器、第一組前置鏡頭、視訊通話軟體 FaceTime 的第四代 iPhone 於威訊（Verizon）的網路上發表時，我婆婆也買了 iPhone。在那時，他信任的每個人都已經是 iPhone 用戶，包括他的孫子女，所以他準備好要跟上腳步了。

---

[2] Apple, "iPhone App Store Downloads Top 10 Million in First Weekend," press release, July 14, 2008, https://www.apple.com/newsroom/2008/07/14iPhone-App-Store-Downloads-Top-10-Million-in-First-Weekend/.

晚期大眾和落後者

這時進入了 iPhone 第五、六、七代的時間範圍，距離初代 iPhone 問世大約已有七年。我那最抗拒新科技的德國移民母親此時也開始用 iPhone，但採用原因與科技本身無關。我們以 iPhone 做為母親節禮物，迫使他成了用戶。他同意 iPhone 的數位相機使用起來更便利，也喜愛透過 FaceTime 和孫子女視訊通話。雖然這些都是行之多年的既定功能，但它們是我母親愛用 iPhone 的主因。

我們能從中學到什麼？

即使蘋果公司的長期目標是，讓如同我母親那樣的人都愛上 iPhone，但他們並非由這個目標著手。蘋果團隊最初是著眼於像麥克那樣的早期採用者。他們投注了將近十年的時間，穩紮穩打地推動產品演進、配銷、訂價策略、廣告和促銷活動，最後才使我母親成為 iPhone 用戶。在初代 iPhone 問世十年後，第十代 iPhone 擺脫了代表性的主畫面按鈕，而且連動的 Apple Watch 產品生態系統也欣欣向榮。此時 iPhone 展開了下一個科技採用鐘形曲線。如果 iPhone 是歷來最成功的產品——並且擁有相應的行銷預算——請思考一下，你的產品採用週期將需要多長的時間。

第16章
品牌槓桿跟你想的不一樣：Netflix 的品牌行銷

　　Netflix 有今天的成就不是因為在超級盃大肆宣傳，或於各大城市鋪天蓋地豎立廣告看板。Netflix 建立品牌的方式是鼓勵人們試用他們服務，而他們也會始終如一地提供消費者非凡的體驗——不論是最初用紅色信封袋快速遞送顧客租借的影片，或現今供人隨時隨地輕鬆追劇、狂嗑電影的影音串流服務。

　　擁有多支被權賦產品團隊也使 Netflix 馳名於世，公司期許產品團隊為事業發展做有利的決策，然而當促使免費試用者轉變為付費用戶的決策牽涉龐大收益時，負責團隊面臨了重大考驗。

　　在接獲 30 天試用期滿後即開始扣信用卡付款的通知時，可能許多原本忘記取消訂閱的民眾會立即結束試用。Netflix 團隊必須做出抉擇：究竟要尊重客戶、積極主動告知此訊息以維繫公司正面的品牌形象，還是著眼於每月增加的可觀收益。他們最終認定，維護品牌聲譽才是攸關未來成長的恰當選擇。如今，全球數億訂閱用戶證明這項決定正確無誤。❶

　　大多數科技公司沒做好打造品牌的工作，因為他們泰半對品牌有

所誤解，認為品牌就是公司名稱、商標、代表色、設計和傳達訊息的方式。這一切確實屬於品牌的一環，Netflix 在這些方面也執行得不同凡響，然而更關鍵的是，公司每個層面的所有行動必須給人始終如一的體驗。

世上最卓越的品牌均在客戶的全面體驗中兌現種種承諾，即使是像告知顧客試用期滿後將開始收費這種訊息也不例外。我在本書第 1 篇曾指出，現代產品氾濫程度前所未見，因此差異化更顯得難能可貴。而品牌正是產品獲得優勢的一項策略工具，理當善用在開創差異性上。不過，我們必須慎重處理多到難以置信的小細節。

品牌管理與執行的大多數工作不屬於產品行銷人員的職責範圍。然而，也有一些例外情況：產品或特色功能命名、多樣產品套裝組合、公司品牌建立，以及分辨問題究竟涉及公司品牌或產品品牌。

本章聚焦於闡明品牌基礎知識，以及在什麼樣的條件下，產品品牌能提升產品進入市場的結果。

科技產品品牌

當 WebFilings 於 2008 年創立時，沒有人認為其商標、代表色或公司名稱特別啟發人心，然而顧客喜愛這家公司。他們能每週透過電話洽訪平易近人的專責客戶成功經理，聽取如何善用產品的建議。

WebFilings 令顧客感覺萬無一失。他們的品牌擁有無與倫比的客戶

---

❶ 我極力推薦閱讀 Netflix 前產品長吉布森‧畢鐸（Gibson Biddle）關於產品策略和領導力的談話紀錄。本章的故事即是源於這些談話。

忠誠度，從而成為類別領導者。如今，公司已經成長為股票上市公司Workiva。他們無疑擁有傑出的產品，而更關鍵的是，早年在客戶成功方面的深度投資，為品牌帶來了忠實的客群。

科技公司品牌主要經由用戶對產品的體驗來推動，但對顧客來說，品牌還包括公司提供的產品支援、銷售流程，甚至是產品訂價策略。此外，還有更顯而易見的，透過網站、社群媒體、廣告傳遞的品牌訊息。

在高度競爭的飽和市場中，品牌的體驗能給人產品與眾不同的感受。這是處於初期發展階段的公司在特色功能之外別出新裁、以小搏大的方式。注重品牌也顯示公司走向成熟。

品牌管理往往在公司整體行銷層面上推動。儘管產品變化多端，品牌的承諾應該始終如一。一款產品的壽命有限，但始終會有更多產品問世，而且產品功能千變萬化。當公司積極營造公司品牌，客戶忠誠度可能存在各種產品中，也可能與產品無關。這就是持續成長且產品多樣的公司創建品牌的最終目標：長期忠誠度。

產品行銷人員規畫產品進入市場時，理應將公司整體品牌情況視為策略組合的一個環節。我們應該思考，是否要提升或重新架構公司品牌的整體格局？相對於客群渴望的品牌體驗，產品實際上給顧客什麼樣的體驗？

以下是產品行銷團隊時常面臨的品牌情況。品牌是一門深奧的學問，這裡僅介紹一些概念，以利讀者更策略性地考量這個課題。

產品功能擴大，但市場對產品的認知有限

這是本書第 1 章提及的 Pocket 公司所經歷的品牌故事，其產品最初的名稱 Read It Later 已經無法涵蓋所有功能——此時顧客能用它儲存影片、圖像和購物網址連結。Pocket 公司必須讓世人知道，他們的產品不只是應用程式，或只有單一一項特色功能。

Pocket 這個新名稱能全盤涵蓋產品的所有新功能，而且也用於命名每週發送的 Pocket Hits 電子郵件。如今，每週查看其電子郵件的人早多過其行動應用程式用戶數。由於重建品牌十分成功，最後 Pocket 也成為公司名。

品牌策略為產品進入市場策略提供資訊

任何產品多元的科技公司都必須擬定廣泛的品牌策略，而且聚焦在三個品牌層面：公司（例如：蘋果公司）、業務範圍或關鍵品牌（例如：音樂、電視、智慧型手錶、智慧型手機、Mac），以及各項產品（例如：MacBook Air、MacBook Pro、iMac）。

我們可以在這些不同層面為客群創造分類系統，簡化他們了解公司的方式，但這不意味我們能在每個層面推展行銷工作。蘋果公司只在產品層面做行銷—— Apple TV+、最新的 MacBook 筆電或 iPhone ——而不在業務層面推動行銷。如果想了解最新的 iPhone 款式，人們會上蘋果網站瀏覽 iPhone 頁面說明。

相反地，微軟公司傾向於在業務或套裝軟體方面推展行銷。較大型企業的品牌策略往往決定個別產品的行銷方法，其產品進入市場可

能是依據業務範圍對公司的重要性來推動，例如：當我在微軟辦公室套裝軟體團隊任職時，Word 的行銷被限縮於小部分特色功能，旨在支援辦公室套裝軟體的行銷。

從企業品牌或現有產品品牌忠誠度來獲客

對計算機軟體公司 Intuit 的目標客群來說，其會計財務軟體 QuickBooks 和 TurboTax 的產品品牌知名度高過財捷公司品牌。因此，這些產品名稱被用來行銷，例如：需要小型企業會計解決方案嗎？你可輕易找到 QuickBooks、QuickBooks Payroll、QuickBooks Time。

軟體公司 Atlassian 的 Jira 軟體是另一範例——這是具有主導優勢的軟體開發者品牌。Atlassian 也把 Jira 這個產品名稱套到其他產品，例如：Jira 服務管理和 Jira Align 都借助 Jira 軟體開發者品牌信譽，儘管這些產品的目標客群大相逕庭。

這類命名相關的決策通常是由產品行銷人員推動。最重要的是，應該留意品牌忠誠度的來源，然後有意識地加以活用。

利用新品牌提升市場滲透力

微軟這個品牌已經牢不可破地跟企業生產力軟體畫上等號，而非連結到尖端的電玩遊戲機。因此，當微軟公司另外創立 Xbox 這個品牌時，他們選擇向遊戲玩家受眾行銷系列電玩產品。

公司有時必須創造不同的業務範圍或關鍵品牌，原因在於既有品牌有太多包袱而難以跟目標市場產生連結。要知道，在關鍵品牌或業務層面推動行銷，往往是由公司品牌決策者推動的決策。然而，產品

進入市場模式是由種種機會和限制形塑而成。

　　另一種做法則是，將一組相關產品整合起來取一個套裝產品名稱。當公司有多款產品鎖定相同客群的時，尤其會這麼做，這能大幅簡化產品進入市場的過程，因為各項產品將以套裝組合形式行銷，而非個別地行銷。

產品命名是一項品牌策略

　　命名的方式有助於人們了解產品功能，以及誰適用該產品，例如：Salesforce 雲端行銷（Marketing Cloud）產品品牌就包括電子郵件工作室（Email Studio）、受眾工作室（Audience Studio）、行動工作室（Mobile Studio）、社群工作室（Social Studio）和資料工作室（Data Studio）等。即使不清楚這些產品，你仍能透過不同的名稱明白，這是 Salesforce 雲端行銷品牌的一環。產品名稱帶有一致的前綴（prefixes）與後綴（suffixes）是常用來連結各項相關產品的方式。

　　命名的思路由產品行銷團隊推動，因為公司期許他們洞察產品路徑圖。命名分類法會影響未來產品命名方式。命名分類法在確定品牌策略的更大格局上，扮演影響著產品進入市場的關鍵作用。

進階學習｜有時候，前線戰場更廣大

我在網景任職時，該公司是網際網路時代一切可能性的典型代表。當時大多數人將其獨領風騷的網際網路瀏覽器稱為「網景」，儘管確切名稱是「網景瀏覽器」。

在一切進展順利時，沒有人會居安思危。即使網景的收益愈來愈仰賴伺服器等其他事業部門。當微軟網際網路瀏覽器（Internet Explorer）火力全開、在瀏覽器市場攻城掠地時，人們的認知是「一旦在瀏覽器戰線潰敗，網景將全軍覆沒。」（也就是說，網景危機四伏。）

癥結並不在於網景事業成長能否增強，或能否在網際網路各項協定與服務上不斷創新。問題出自網景的公司品牌，而我們當時只顧著打產品戰爭。當產品行銷團隊歷經一次產品命名考驗後，更大格局的公司品牌問題被凸顯出來。然而，行銷人員仍舊只想藉助網景瀏覽器用戶忠誠度來增進其他產品知名度。最終，網景被美國線上（AOL）收購，主因是與網景品牌相關的市場屬於美國線上品牌力有未逮之處。這個深刻教訓使我領悟到，堅持不懈地檢視產品品牌與公司品牌關聯的重要性。

在大多數的科技公司，產品命名與品牌策略往往是後期的工作。然而，品牌策略事關重大——攸關公司格局能否超越個別部分相加的總和。出色的產品行銷工作應該確保公司深思熟慮地擬定產品與品牌策略。卓越的品牌執行力能形塑整個產品類別。

第 17 章

訂價槓桿：關鍵在於認知價值

耐吉（Nike）過去常在我家鄉舊金山主辦女子馬拉松，每次總是吸引上萬名女性共襄盛舉。從奧運選手參與、登記處的髮型設計站，到展示耐吉最新運動用品的帳篷攤位，充滿了頌揚女性和跑步運動的節慶氛圍。對於耐吉來說，這些馬拉松賽還有另一項彌足珍貴的目的：這是一個活生生的市場研究實驗室。

我從而發現自己屬於耐吉太陽眼鏡焦點團體的一員。熱愛運動且活力十足的我們可以在一個房間內自由活動，觀看、觸摸和試用耐吉所有的陳列商品。一段時間之後，我們坐下來填寫問券，用個人最在意的任何標準——適配、時髦、感覺、顏色等——來評選出最中意的太陽眼鏡。然後，他們揭曉所有太陽眼鏡的售價。

我是格外務實的人，而且不常購買太陽眼鏡。當我看到自己評為首選的太陽眼鏡要價 300 美元時，它立即成為我最不想要的產品。那售價遠超過我願意購買的價位，但我樂意拿出 125 美元買一副適宜運動競賽的高功能太陽眼鏡。於是，原本排在第四位的太陽眼鏡最終成為我個人的首選。我們的認知價值（perceived value）會與渴望的實用

產品相契合。

這簡單的訂價演算方法適用於每個人：如果我喜愛這款產品，那麼它是否值得我支付這個價錢？在這項等式中，品牌顯然扮演著重大角色。因此，儘管產品特色功能相似，蘋果各款 iWatch 智慧型手錶售價為 199 美元到 399 美元，而谷歌各款 Fitbit 智慧型手錶價位則落在 179 美元到 299 美元之間。

訂價的關鍵不在於產品或服務的成本，而在於人們的認知價值，和他們的購買意願。訂價是價值工程（value engineering）。

訂價基礎

重點在於從顧客的觀點來衡量訂價：相對於他們付給你公司的價格，他們更看重你公司為他們提供的產品或服務有多大的價值？價格並非絕對價值，而是相對價值。

當你體認到產品訂價上有問題時，真正的癥結往往是沒有認清人們的感知價值。產品價格是相對於同一類別相似產品的售價，而非相對於市場觀感或對品牌的各種認知。

影響客戶判斷產品價值的因素，包括相對於其他產品選項的價位、品牌、競爭對手的替代方案、實用性、便利性、預算等。再加上，現代產品的科技基礎通常複雜且動態（例如：雲端運算的成本），使得訂價已經成為一門高度專門化的學科。有鑑於此，本章只提供一些關鍵概念的入門知識，主要是讓讀者知道誰該負責訂價工作。

訂價將因公司各項條件不同而有差異，主要取決於進入市場方法、商業模式、產品複雜程度、領導力和整體發展階段。在訂價日益仰賴

專家之際，由產品經理或產品行銷人員支配訂價的公司數量大致平分秋色，而且關於訂價應不應該由哪一方負責的有力論証也旗鼓相當。二者都是關鍵的影響者，但讓我們將訂價的關鍵層面區分開來看，從而決定誰應該在公司中負責這項重責大任。

- **變現策略**（monetization strategy）——判定在什麼時機用哪種方法賺錢——與產品訂價迥然有別。變現策略往往同時運用產品組合、事業營運方式和產品行銷方法，而且很大程度上取決於相關人員的技能。

- **訂價策略**（pricing strategy）——決定產品的實際售價——通常很大程度受到財務團隊或事業營運團隊影響。在相對成熟公司，訂價往往由客戶漏斗的動態、轉換率估計值、場景預測、打造產品的成本、客服成本等計算得出。銷售團隊對他們賣出的產品提供相關資訊。產品行銷人員則負責形塑客群對於認知價值的框架。

- **包裝策略**（packaging strategy）和訂價策略截然不同。包裝是指以支持業務的方式為客戶、區隔市場或使用案例提供捆綁銷售的服務。最重要的是，別把訂價和包裝混為一談。二者的作用不能相提並論。包裝一般是由產品行銷人員推動，而且產品團隊是促成包裝策略的重要夥伴。

產品行銷人員扮演的角色是確保訂價與包裝以顧客實質的認知價值為基礎，而且能對不同目標客群和各項業務目標帶來效益。

本章其餘部分將提供讀者一些聰明訂價和包裝的額外指導原則。

顧客好懂又有利於事業的訂價法

訂價應該建立在一套客戶容易了解、又有助於公司財務成長的衡量基礎上。不過，知易行難。在銷售科技產品時，你想要顧客努力思考的是要不要買你的產品，而不是理解產品的訂價方式。

以下是訂價思維的四大基本概念：

- **運用能體現產品價值又能反映產品增值的衡量指標。** 例如：Dropbox 客戶的雲端儲存每增加 1 兆位元組，成本就會相應增加。如果顧客想要更多儲存空間就必須付更多錢。或者，就企業資安攻擊（attack surface）管理層面來說，組織規模愈大、管理複雜度愈高，平台服務成本也會增加。定價模式請保持簡單。
- **簡單到讓客戶能在腦中計算。** 人們總是想弄清楚自己要買什麼樣的產品，如此才能計算自己的支出是否物有所值。按照使用者數量來訂價之所以有效，原因在於容易計算相關成本。如果你是依據用量來訂價的基礎設施服務供應商，那麼按每次實際使用量來計費似乎行得通，因為用戶不至於多付。但也要考慮是否提供備案，因應客戶的使用量達到特定門檻上限。我們一定希望用戶盡可能多使用產品，如此產品才可以保持黏性。
- **容易衡量。** 資訊科技團隊或合規（compliance）團隊必須確定顧客是否有遵守各項交易條件，例如：依用戶數量的訂價方式表面上看來很單純，但如果公司期望用量達到快速成長，則可能

會面臨個別授權的障礙。為了控管成本，資訊科技業者總是力圖控制授權數量，但如果任何人都能使用你的產品，而且只需要依據用量來付費，那麼就沒有任何因素能阻礙其普及。資訊科技與合規團隊都期望能預估成本，所以應留意第二與第四個基本要項。

- **財務長或採購人員務必理解訂價原則，才能跟其他產品成本做比較。** 財務長或採購人員不會深入了解產品訂價的各項差異化因素。他們是從總成本和投資報酬率的觀點來審核訂價。你的產品或服務價位是否與成本相符？訂價並不只是相對於直接競爭對手的問題。他們將比較你的產品相對於其他產品的認知價值。

事業動力來自何處？

價格相關的心理可以簡化成兩大類型：基於產品便宜而掏錢、因為產品最優質而購買。我們必須判斷訂價光譜的哪一端最適配自家產品及進入市場模式，例如：我們可祭出低價或免費版產品來吸引有可能成為產品傳教士的用戶。另一方面，第 15 章探討過 iPhone 最初的頂級訂價策略，旨在維持較少的灘頭市場客戶人數，使其有獨享高價產品的尊榮感。

產品是否能成為頂級產品取決於品牌與客群的認知。你公司的產品真的讓人覺得值得那個價錢嗎？如果 300 美元的時尚太陽眼鏡不是耐吉而是古馳（Gucci）的產品，我的反應可能會有所不同。

如果你認定自家產品賣得是頂級產品，又對顧客抱怨產品太貴置

之不理，恐怕無法獲取最大利益。我曾與一家初期階段的新創公司銷售代表會談，當時他正試圖了解如何為公司產品訂價，並指出「基本上我每次開會時都把價格提高 2 倍，並期待有人露出難以置信的表情。但到目前為止，這始終沒發生。而我們依然沒能敲定產品售價。」

除非讓產品上市由實際的顧客決定訂價，否則終究難以確定產品的價值。我們必須尋求突破點。

如果你經營一家處於初期發展階段的 B2B 公司，可能要等有 20 到 30 位客戶之後才能明白自家產品的價值。在此之前的訂價方式可以因客戶而異，你會逐步弄清楚訂價的合理範圍。在跨越了這個門檻之後，就必須建立可以維持營運的各種訂價策略護欄。

如果是 B2C 公司，那麼你可能要經常重新檢視訂價，而且網路銷售的產品很容易測試訂價。

把包裝法運用到目標客群或使用案例

包裝的用意在於促使人們做出購買決定、而非放棄購買決定。聽起來有悖常理，但太多選擇只會吸引眾人目光，卻令人望之卻步。決策疲勞（Decision fatigue）確有其事。訂價與包裝如果過於複雜，會在銷售及購買過程形成阻力。我在圖表 17.1 概述了各種包裝選項及其考量。

最常見的包裝方法之一是，針對不同的目標客群或使用案例推出各種不同的包裝版本，同時也朝著關鍵事業目標推進。入門級的各種包裝版本應該包含核心產品，好讓絕大多數的潛在客戶覺得「付這個價錢就能買到這麼多」。

高階版本則應該包含特定市場或目標客群的核心產品。這是具有高度價值或有明確差異性的包裝法，不適用於每個人，只適合那些有特殊需求的人。這可能也涉及額外版本或附加版本。這種包裝方式屬於特定使用案例的利基市場。

圖表 17.1 各種不同包裝策略運用的時機和原因指南

包裝策略	全包式	平台及附件	好、更好、最好
時機	初期產品	擴展產品線與功能組合	定義良好的使用案例和市場區隔
原因	• 對顧客簡單易懂 • 對銷售人員簡單易懂	• 對客戶具有彈性，但會增加複雜程度 • 讓銷售人員量身打造適用於顧客的方法	• 盡可能驅動最高的平均成交金額 • 較少決策疲乏 • 可反覆運用的銷售執行方法

各種價值期望會隨著趨勢而轉變

在直接面向消費者（例如：Netflix、Spotify、蘋果音樂／TV＋）和 B2B（例如：谷歌、Salesforce）的商業模式中，購買行為正轉向雲端和訂閱的方式。如果購買微軟辦公室套裝軟體家用版與學生版，你可能支付 104.99 美元即可使用多年。如今，微軟 365 家庭版本提供更多功能，而用戶每年只需要支付 99.99 美元。

訂價和包裝就如同其他影響因素一樣，會隨著各種趨勢和消費者

的期望而改變。明智的訂價與包裝方法可以消弭不必要的購買阻力，增進客群對產品的認知價值。最重要的是，認清這是你最強效的商業槓桿之一。

進階學習｜產品行銷者側寫：韋珍（Jenn Wei）

韋珍在 VMWare 和 DocuSign 擔任過產品經理及多個產品行銷職位，目前為 Rubrik 產品成長副總。我見證他在結合產品管理和產品行銷的職業生涯中持續表現卓越。他也是我所認識的人中，對於訂價與包裝理解最透徹的人之一。本章的許多論述要歸功於韋珍分享的訂價思維。

第18章

與產品無關的行銷

我撰寫本章之際，世人正逐漸脫離新冠肺炎全球大流行的危害。一些行業開始蓬勃發展，另有一些行業仍苦苦掙扎。居家辦公成為新常態，「辦公室」再也不會回復原先的樣貌。

世事難料。疫情跟大自然的各種力量、世界大事、穩定的生活步調一樣影響著所有人，也對與產品無關的行銷方法造成重大衝擊。

不論出於市場、技術與資源上的限制，所有公司都經歷過沒有任何重大產品卻仍要保持行銷動能的情況。這往往令人不安，因為在科技業界，我們習慣把焦點放在熱銷產品上。

對於產品行銷人員來說，這意味著當產品不能做為行銷催化劑時，重新思考如何行銷。事實上，這正是我們與行銷團隊合作、加倍專注於優化關鍵要務的絕佳時機。

本章不會提到任何專屬產品行銷領域的分內事。然而，由於產品行銷團隊必須不斷解讀各種市場訊號，所以不論是對行銷內容、計畫做出貢獻，或是發揮舊產品的影響力，產品行銷人員在與產品無關的行銷是否成功上扮演著關鍵角色。

產品以外的行銷活動

在行銷界，行銷活動是應對具體市場機會或挑戰的一系列協調一致的行動。行銷團隊總是堅持不懈地推展行銷活動，不過實務上行銷不能一切以產品為核心。我們應該聚焦在特定受眾關切的事物，或公司整體的動能。

以下列舉一些值得各團隊共同努力的事情：

- 借助黑天鵝事件（例如：全球新冠肺炎大流行，參見章末的詳細說明）；
- 以特殊的微垂直市場為目標（例如：個人執業會計公司）；
- 擴大單一公司事件的效應（例如：收購案或股票公開上市）；
- 活化潛在或既有的目標客群（例如：一段時間未行銷的電子郵件）；
- 改變品牌認知（例如：如果自家品牌不再被視為創新品牌）；
- 使競爭對手的客戶轉換產品（例如：易於他人改用自家產品的專案計畫）。

行銷團隊通常負責闡明優先要務和落實方法，至於行銷活動**緣由**與**時機**則可能取決於產品行銷團隊，前提是他們洞察到能以目標明確的進入市場策略來應對獨特的機會或挑戰。

為品牌注入感情

我在第 16 章深入探討過品牌，這裡則是強調情感層面勝過理智層面的絕佳時機。品牌成功的關鍵在於，洞察人們有志於成為什麼樣的人——優秀的母親、能幹的領導者、創新者、永保青春的人——而最厲害的品牌力能讓他們自我滿足。

科技公司在品牌的情感層面上投入往往不足，因為這方面的投資不會直接與銷售成績有所關聯。然而，微小的行動匯聚起來也能促成重大的改變。試想一下，我們如何透過行銷計畫來深化與客群的關係？

增進行銷和銷售團隊的協作關係

我們很容易誤以為這兩種功能團隊彼此的協作已經就位：他們每週召開例行會議且相互溝通、共同發展目標帳戶名單、舉辦各種提供銷售管道的行銷活動。然而，雙方的協作關係仍有持續深化的空間，例如：適時地發起雙方密切協作的行銷活動，或專注於單一垂直市場，或開創客製化的小規模行銷活動。

由於產品行銷人員精通市場，其關鍵要務是提供資訊和靈感給銷售及行銷團隊。當沒有新產品時，正是推動行銷創新及與銷售團隊建立盟友關係的大好時機。

檢視顧客體驗旅程

眾所周知，派樂騰（Peloton）公司剛創立時，最初的銷售行動聚焦在購物中心。他們讓潛在顧客使用自家產品，體驗高單價健身飛輪

車與一般健身飛輪有何不同。

同樣關鍵的是，派樂騰銷售團隊從而能夠與客群直接對話，並了解他們的目標市場。他們親耳聽見和親眼看到，什麼能把人們偶然產生的興趣轉變成購買行為。直到他們對掌握的購買動機有信心後，派樂騰公司才開始大量運用數位通路。

他們認知到，人們考慮購買產品的原因不同，而且過程受到線上和線下的各種因素所支配。人們可能要到看見、聽到或體驗過某些東西之後，才能領會自己就是某產品在市場上的目標受眾。

在不用強化主要產品時，我們可以趁機密切關注各個影響點（points of influence），投注時間去接觸淨推薦分數（NPS）較高的客群，並詢問他們是否有意願在比較網站發布評論，或錄製推薦影片，又或者寄感謝禮物討他們歡心。

我們也可以重新檢視行銷組合及傳統的行銷方法（例如：戶外、電台或電視）對於業績成長有沒有幫助。如果行銷是隨時間推移的一場漫長賽局，那麼我們理當混合運用各式博弈方法。

促使顧客成為產品傳教士

沒有什麼能比顧客宣傳公司產品還給力的事情了。我們都渴望產品的狂粉向世人傳播產品福音，因為他們真心相信自己必須讓其他人知道這產品有多棒。

無論出於何種原因，使現有客群成為產品傳教士往往涉及多種功能團隊的客戶推薦計畫。務必精益求精。

行銷顧客首先要讓他們成功使用你的產品。這工作可能由客戶成

功團隊來啟動，然後由行銷團隊進行後續追蹤，例如：寄贈感謝禮物以表達「我們重視您！」

顧客想要感受自己與公司建立了互信關係，特別是當他們跟你公司有持續、高額的交易時。試想一下，怎麼做才能讓顧客喜愛自家公司，而不只是把你們視為賣科技產品的廠商？

活化社群

社群蘊涵許多事物，而核心關鍵在於擴展產品福音的傳播。公司能夠直接發揮影響力的行動有限。如果有人為公司效力，往往成效會更顯著。社群提供眾多好處，從用戶提問論壇、地區性聚會，到幫人自力解決問題的專家等，不一而足。

社群也可以是有益雙向學習的消費者委員會——讓顧客針對必須改善的地方給出深入的回饋意見，而你也能學會如何增進客戶服務。這類特殊的策略往往是由產品行銷團隊與產品管理團隊共同推動。

關於活用社群，最常見的錯誤是，聚焦於各項支援工具或活動架構，並且假設社群已經就位。我們應該先弄清楚：那些與自家品牌有連結而感到自豪的忠實用戶能否公開與他人分享體驗？

如果你擅長創造實質的社群——不僅僅是搭建社群架構——那麼社群媒體是衡量工作實際效果的絕佳途徑。

進階學習｜ Modern Hire 公司如何明快地創造協調一致、以客為尊的行銷活動

Modern Hire 如同大多數企業那樣，在 2020 年 3 月中旬關閉各地辦公室，並讓全體員工遠距在家上班。來自產品行銷團隊的領導者杰‧米勒（Jay Miller）並沒撤銷所有行銷作為，而是讓他的 8 人團隊用 2 週的時間擬定對策，從現況中找出各種新機會。

Modern Hire 是一家人力資源科技公司，其產品結合人工智慧（artificial intelligence，簡稱 AI）與心理學，功用在於改善聘僱流程和應徵者的體驗。由於大多數企業在招募人才上講求眼明手快，因此 Modern Hire 當時的產品顯然不是企業的必需品。

他們的競爭對手幾乎在一夕之間全都轉向免費的視訊面試產品。杰的團隊確定，最好的做法是著重於提升優質的應試者體驗及明智的聘僱決定。這有其道理，正是因為當時大家都轉向遠距面試與快速聘用，如果能提供企業足以強化聘僱決策的數據，產品將更有價值。杰的團隊於 2 週內精心策畫出「上工吧！」（Let's get to work）行銷活動，並在迭代發展、成形後正式啟動。

以下是他們在活動展開前與銷售團隊一起完成的事項：

- 教育銷售人員如何傳遞資訊：注重語調和分辨具體細節；
- 提供電子郵件範本、銷售講稿及新的對話要點，秉持同理心與建設性地運用正向方法來應對新常態；
- 善用具競爭力的銷售對照表來凸顯 Modern Hire 平台與各種遠距會議工具（例如：Zoom、Teams 或 Google Meet）的差異；
- 準備好客戶個案研究；
- 更新了合作夥伴關係簡報。

至於推展的行銷活動則有：

- 更新網站首頁；
- 推出一頁式網站登錄頁；
- 擴大產品及產業相關網頁；
- 執行長每週發表部落格文章；
- 用一系列共 6 部影片提示各種使用小技巧；
- 以一系列共 12 封電子郵件培養潛在顧客；
- 每週推出新的 podcast 節目；
- 每週舉行網路研討會（webinar）；
- 付費在領英（LinkedIn）和谷歌上打廣告；
- 透過領英的 InMail 擴展基於帳戶的行銷；
- 提供聘僱流程管理與應徵者紙本、電子版指南，以及技巧提示的網頁內容。

在行銷活動期間，他們持續給予銷售團隊贏得潛在客戶的個人化工具。這些因應個別顧客的個人化方法使銷售工作成為所有行銷作為的延伸，包括：

- 提供網路研討會實況重播網頁的連結網址；
- 每週例行的新聞簡報；
- 各種切題的個案研究；
- 透過公開的社群媒體向出現在新聞裡的客戶致意；
- 寄送快速回應包給「炙手可熱」的潛在客戶。

其種種結果有目共睹。他們在 4 月和 5 月創下了銷售有效潛在客

戶與銷售認可潛在客戶的歷史紀錄，而且在淨新商機（net new opportunities）方面幾乎刷新歷史紀錄：

- 網頁流量竄升 100%；
- 搜尋引擎優化將近 100%；
- 該時期贏得的新客戶：梅西百貨（Macy'sStitch Fix）、藍十字藍盾協會（Blue Cross Blue Shield）、目標百貨（Target）、嘉吉（Cargill）；
- 沃爾瑪（Walmart）、亞馬遜（Amazon）和海洋世界（Sea World）等既有客戶運用 Modern Hire 平台聘僱了許多員工。

最重要的是，在所有競爭對手都被迫精簡人力的這段時期，他們的收益成長率達到了兩位數。這正是每家企業都渴望獲得的行銷結果。

　　當我們擬定產品進入市場計畫時，杰的團隊有一些出色的產品行銷作為值得我們參考：

- 他們投注時間深思熟慮，然後滿懷信心、明快地採取行動；
- 關鍵不在於產品，而在於使產品差異化因素發揮作用；
- 一切都以客戶為中心；
- 當其他同類別產品全都訴諸免費試用時，他們選擇強調認知價值；
- 他們採行多元的方法，也就是運用成套的行銷工具

- 銷售團隊和行銷團隊互為彼此的延伸。

這些優異的行銷作為在任何時候都非常重要。如果你發現產品本身無助於推展銷售工作，仍有可能以思慮周延的強勢行銷來促成優於預期的結果。

第19章

一頁式產品進入市場畫布

在一個秋日早晨，Bandwidth 公司的產品團隊絞盡腦汁，亟欲解決這個棘手問題：公司前十大客戶的成長率遠不及排在其後前五十大客戶。令他們驚訝的是，前十大基於帳戶的顧客需求跟其後五十個基於帳戶的顧客需求大相逕庭。這造成該公司內部對進入市場方法和優先要務意見分歧。

Bandwidth 產品領導者約翰・貝爾（John Bell）總是笑臉迎人，而且沉著老練，這都歸功於十年來擔任領導職的歷練。在專心地聆聽團隊成員討論解決方案時，他領會到為了公司的長期成長，顯然有必要更專注於排名第十一到第五十的客戶，並重新校準產品團隊與所有進入市場團隊的工作。

Bandwidth 是雲端通訊平台即服務供應商，其企業用戶能夠在任何行動應用程式或連接設備上建立、擴展和操作語音或文字通訊服務。他們的產品運用高端科技、功能多樣又專精、橫跨多條產品線、銷售週期複雜又漫長，而且還有幾家大型的競爭對手。強效的產品行銷確實能使產品從中獲利。

然而，當時的 Bandwidth 產品行銷團隊規模不大，而且不是每個專案都被賦權，以致於沒有明確的行動目的。他們傾向專注於各項戰術和工具，因此毫無意外地，對約翰的團隊來說，進入市場策略顯得格格不入，畢竟與產品行銷團隊相比，產品團隊擁有更專精、廣泛的類別和產品知識。

這就是為什麼產品團隊是協助產品進入市場會議鋪路、校準進入市場團隊工作的不二之選，於是約翰召集銷售、行銷、產品行銷和事業發展團隊的領導者，並告訴他們準備好貢獻關於市場的洞察。

會議進行三個小時之後，他們擬定了產品進入市場畫布，交由產品行銷團隊負責落實。他們受彼此啟發，對協調一致的產品進入市場策略和關鍵活動深具信心。產品團隊也得到具體的市場導向框架，有助於決定工作的優先順序和了解相關安排的緣由。

本章將介紹約翰活用的一頁式產品進入市場畫布，其有助於達成產品團隊與產品進入市場團隊的一致性。我們在本書第 3 篇探討過的所有槓桿工具與概念，都將出現在這張畫布中。這是制定周全的產品進入市場計畫、促使產品行銷人員發揮策略家功能最簡單的方式。

產品進入市場畫布就像拼圖遊戲一樣

當產品的所有活動都達到符合當下市場現況這個大目標時，產品上市計畫就具有強效的策略性意義。換句話說，強效的產品進入市場模式會隨著時間推移而變動。

產品進入市場畫布就像一組拼圖，在開始拼之前，先讓每一個人了解完成圖長什麼樣子。然後，拼圖過程隨著邊框的每一片參考點逐

一到位，行動漸入佳境、速度愈來愈快。

圖表 19.1 是我創製的產品進入市場畫布，能使產品及產品進入市場團隊的相關規畫更得心應手。行銷團隊從而看清更大的商業格局、明瞭相關活動的緣由與時機，產品團隊也因而對產品進入市場深具信心。

這為團隊提供了相當於拼圖邊界的框架：

- 使產品與行銷團隊都能迅速看清各種機會或不適配的地方；
- 使所有人即使在即興或應對新事物也能保持專注；
- 使大家能迅速明白哪些活動最重要，並就此進行內部溝通；
- 使人領會各項行動的緣由，並在策略和戰術上持續協調一致。

我刻意運用簡化版的產品進入市場畫布，而不採用詳盡的規畫圖，為的是闡明目的和優先要務，確保諸事不會偏離正軌。這些是產品行銷團隊當責不讓、務必全力且敏捷地推動的工作，而畫布上的一切都始於產品、行銷、銷售與客戶成功團隊一起商議的結果：

- 客群的實際情況；
- 競爭態勢與外在環境（科技以外的現實生活）；
- 預期的產品里程碑／版本發布／忠誠度；
- 帶來各種結果的行銷策略；
- 關鍵的活動。

在理想的狀況下，產品行銷人員在完成第一項行銷任務之前就要

製作產品進入市場畫布。以下是其流程：

設定

召開約 3 小時會議。最初 1 小時用於討論行得通和行不通的方式、客群在市場的實際現況，以及弄清楚必須改善哪些事才能促進事業成長。各團隊都要分享各自領域所學的知識。一開始先確認產品進入市場計畫必須處理的流程或行動缺口。接下來 2 小時則用來研議架構。此時可進行優勢、劣勢、機會與威脅（SWOT）分析，確保能夠善用各種機會與優勢，以及確認各項策略和戰術不至於被劣勢拖累。

第 1 步驟：客戶與外在環境

所有人貢獻各自領域的客群與市場知識。這步驟的重點在於，一開始就以客戶的觀點而非以公司觀點為基礎，然後列出可能影響活動的所有事情：競爭對手宣布的事項、會議活動、主要生態系統新版本發布（例如：iOS 版本更新）。你不必詳列所有事情，只要列舉可能影響人們想法、行為或觀感的關鍵要項。這些內容要寫在畫布最上方的客戶／外在環境欄位。

第 2 步驟：列出任何已知的產品里程碑

如果是運用敏捷方法可能不會有太多相關細節，但對於鎖定特定目標客群的整合方案、新平台、特色功能等重大提案，你可能已經掌握一些方向。在產品里程碑欄位寫下任何已知的相關事項。

圖表 19.1 以生產力應用程式為例的產品進入市場畫布範例

產品進入市場畫布範例

	第一季	第二季
客戶／外在環境	• 拉斯維加斯消費電子展 • 擁有新電腦的客群	• 父親節和畢業季 • 顧能資訊科技發展國際研討會
產品各項里程碑	改善既有檔案的導入	各項社群功能
策略	**主要活動**	
改造生產力：你的應用程式需要雲端平台的理由	• 與服務供應商達成程式預載協議	• 終端用戶的成功故事 • 發布關於提高生產力的研究結果
教導顧客成為有影響力的忠實用戶	• 於登錄網頁以動畫呈現實時協作方法（real-time collaboration）	• 應用程式內置使用說明並強調各項社群功能 • 主要的社群行銷活動
拉攏競爭對手的產品用戶並使其改用我們的產品	• 以視覺材料展示已導入的文件檔案	• 於社群行銷通路以影片展示新、舊應用程式體驗上的差異

第 3 步驟：羅列各項行銷策略

要確認畫布上的各項商業目標都符合公司期望。策略必須為各項活動提供防護欄。你要協調各項策略與逐步實現的商業目標方法保持一致。明確的策略有助於實際執行者明白工作要達成的更大格局目標。

第 4 步驟：列出支援策略的關鍵活動

畫布不是某團隊詳盡的檢查清單，而是只列出其他團隊可能依賴或想規畫的重要活動，其中可能包括新版銷售教戰手冊裡的每季銷售

產品進入市場畫布範例

	第三季	第四季
	• 返校日 • 會計年度結束	• 歲末年終 • 假日季節
	面向垂直市場的各項功能	各項行動辦公功能
主要活動		
	• 客戶改用我們產品的相關故事	• 行動應用程式上的節假日禮物清單 • 採用 PREP 架構法的分析師簡報
	• 發布新的垂直市場的產品	• 著眼於垂直市場，為明年消費電子展做好準備
	• 爭取競爭對手客戶的行銷活動	• 鎖定行動辦公人員的現場特價促銷

訓練、訂價方法、產品關鍵功能的命名或套裝產品的使用示範。畫布同時具有溝通和規畫的效用。

第 5 步驟：由外往內操作

從你渴望的年度目標著手，然後進行逆向操作。你想在年底之前擁有更多夥伴嗎？你想做的事情有什麼必要的先決條件？如何知道建立夥伴關係的時機已經成熟？思考這些有助於你為想實現的目標奠定明確的基礎。

進階學習｜確保各項優勢都能發揮作用！

第 4 步驟的重要環節是了解自身的優勢與劣勢，判斷各項策略是否合適。我很喜歡使用 SWOT 分析，因為這方法簡單明瞭，有助於檢驗你是否善用機會制定策略、避免行銷作為直逼競爭對手，以及在利用優勢的同時不需要隱藏所有弱點，例如：相對於競爭對手來說，如果你公司的劣勢是銷售團隊規模極小，那麼你可以優先建立夥伴關係，或著重在產品驅動的成長。

大多數人傾向在最初一、兩季做完他們認為必須做的所有事情，然後虎頭蛇尾、逐漸停滯。在初創時期的新創公司尤其如此；超過兩季度的規畫往往沒有太大的價值。事情總是變化太快以致於很難從長計議。

所以，一開始就抱持以終為始的心態很重要，以此確保你不會錯失沒列在清單上的事情，也可以減少待辦清單。對於初期發展階段的公司來說，可以把下半年當成各種構想的存放區，但千萬不要跳過不討論。當你在畫布中填入各種活動時，應該衡量客戶與外在環境的因素，使關鍵活動與現況及產品歷程連結。

第 6 步驟：修正

我們在第一次會議時確定各項要務的發展方向，最重要的是，各團隊協調一致。然後，我們還必須思考各種細節問題及填補缺口，但

不需要一次就把畫布填滿，而是保留一些空間給還沒想到的是事項，使畫布能夠回應需求。我建議每季召集各團隊開一次檢討會，共同修正各種構想。

進階學習｜客戶優先！

即使付出心力做了所有「正確」的事，還是有可能達不到各項目標。優秀的產品進入市場畫布之所以與眾不同，關鍵在於規畫各項活動時以客戶優先為考量。每個人都知道這對於訊息傳遞有多重要（本書第 4 篇將深入探討出色的訊息傳達方法），而同樣重要的是，如何規畫產品進入市場的各相關活動。

圖表 19.2 展示「公司優先計畫」與「客戶優先方案」對照表，你可從中洞察二者的差別。

圖表 19.2 產品進入市場畫布有助於保持客戶優先的做法，以及了解其與公司優先計畫有何差別

可能發生的事態	以公司為優先	以客為尊
公司準備於 3 月發布重大新產品	產品完成隨即上市，這通常是在春假期間	與產品團隊一起敲定發布日期，避開大多數重大節日，而且要趕上產業大會
新客戶垂直行銷活動於 12 月上線	活動代理商與公司內部各團隊需要 2 個月的時間來準備。銷售團隊擔心沒有新的垂直行銷將達不到業績目標，於是 12 月就行銷活動啟動	新的垂直行銷團隊忙於年終規畫和各個節日。他們無暇關注新事物，著重在推出價格優惠的年終行銷活動。當垂直行銷團隊有空檔時才在新年啟動新的行銷活動

從有利客戶的觀點錨定產品進入市場計畫，關鍵在於根據顧客想聽的內容和有空聽取的時機來優化方案。有時，講述者與訴說的內容同樣重要。由銷售代表或客戶成功經理告知顧客有關產品升級的消息，效果大不相同。在創造有效的產品進入市場計畫時，這些都是必須徹底思考的關鍵要項。

實際應用產品進入市場畫布

讓我們深入探究 Bandwidth 公司所有團隊最初啟動產品進入市場過程的一些細節。他們在會議的第一個小時確定：

- 自家品牌不夠強大或沒有明確的市場定位；
- 銷售團隊對於成長最快速的目標客群所知不多。公司必須著眼於重新組織目標市場區隔，而不只是升級產品；
- 公司面向外部的數位資產都無法說明其高成長的客戶群或不同產品線的客戶體驗旅程有何差異；
- 第一線銷售團隊的經驗無法回饋給產品或產品行銷團隊。產品行銷團隊尤其無法與銷售團隊共同創造關鍵內容；
- 未能從失去的顧客身上學到經驗教訓；
- 無法得知最初一批產品售出後，可為顧客持續提供的價值。

圖表 19.3 與產品進入市場團隊召開工作會議的結果

	第一季	第二季	第三季	第四季
客戶／外在環境	• 各項新規 • 三月瘋（March Madness）	• 產業大會 • 發布主要產品魔力象限（MQ）研究報告	• 顧能資訊科技發展國際研討會 • Zoom 年度用戶大會 Zoomtopia • 微軟 Ignite 大會	• 夢想力量博覽會 • 亞馬遜雲端運算服務大會 re:Invent • 大選 • 年終假期
產品各項里程碑	因應新規範的新功能	與新的雲端通訊平台供應商進行整合		提升各項產品效能
深化顧客參與度，與貢獻市占率和使我們的品牌被視為可信任的夥伴	• 召集客戶諮詢委員會來聽取回饋和深化客群區隔	• 來自雲端通訊平台供應商工程師的客座文章 • 熱門開發圈	• 著重客戶增值與顧客好感度的行銷活動	• 與客戶服務團隊攜手檢討年度計畫：哪些服務必須調整？
成為用戶體驗相關規範和保護措施方面的思想領袖	• 學習新規範和產品對潛在客戶的含義 • 來自第三方的講解新法規的短影音	• 一系列關於新規範的教育訓練	• 客戶社群／學習分享論壇	• 保護客戶免受選戰垃圾郵件轟炸
成為快速成長的創新公司在雲端通訊系統方面的領導供應商	• 深入的客群研究及市場區隔 • 產品團隊和產品行銷團隊共同致力於擴增實境的商業應用 • 深化客戶故事	• 升級所有數位資產以反映客群現況 • 趨勢分析早餐會	• 在 Ignite 大會展示產品 • 展現服務已經提升	• 涵蓋更多產品線的年終特價活動

圖表 19.3 展示了畫布框架如何形成以解決上述差距和業務目標。初次會議就達到所有要求。這個會議旨在形成種種想法和了解各項需求。後續的小型會議將進一步完善客戶優先方案和各項想法。

　　將這一切納入一頁式畫布令產品進入市場團隊大開眼界。他們知道如何轉變人們、流程和工具來為達成業務目標。產品團隊也因產品進入市場有助於事業成長、促使各項產品決策發揮影響力而更有自信。

　　最重要的是，產品進入市場畫布改善各團隊先前的不一致性。這正是畫布的主要功能，還能為進入市場計畫設定更有效的架構。

　　不過，畫布並非完整的行銷方案。我會在接下來的章節用一些範例來闡明二者之間的差異。

第20章

了解實際的行銷計畫

產品進入市場畫布是促進產品與行銷活動協調一致的工具，為行銷團隊負責執行的詳盡計畫設定產品導向的策略架構。產品行銷工作嵌入到涵蓋一切行銷活動的行銷計畫中。如果你的職責不包括檢視行銷計畫，將難以理解畫布的策略思維在規畫行銷活動過程是否如實貫徹。

本章將探究一些公司的行銷計畫案例，你將明白產品進入市場的工作如何反應在行銷計畫中。你會注意到行銷計畫隨著公司逐步成熟而日益優化。

初始階段

對處於初期發展階段的公司來說，產品進入市場畫布和行銷計畫應該大同小異。如果二者相去甚遠，表示行銷團隊無法協調所有行動保持一致。儘管如此，二者之間屬於動態關係。同樣重要的是，嘗試截然不同的行銷活動來學習哪一種對你的公司最有效。

某家初創時期的公司僅有一款產品和一些附加功能，目前擁有約二十個客戶，在其擬定行銷計畫之後，年度經常性收入（annual recur ring revenue）突破百萬美元。

目標：藉助品牌與行銷過渡到早期採用者的階段。

關鍵結果：40％的行銷有效潛在客戶增進了銷售有效潛在客戶。

標的：

- 60％顧客有意願參與推薦計畫；
- 集客行銷增加70％；
- 主要行銷活動促成一筆10萬美元的交易；
- 舉辦3場客戶網絡研討會、在12場活動發表演說、安排3場客戶思維領導力實習課。

這是該公司80頁簡報（不包含附件）的部分內容，闡明了推薦公司產品每方面的正當理由。首先，簡報太長了，而且很容易讓人以為有了明確且可衡量的各項目標就能把工作做好。讓我們看看如何改進這份計畫。

與事業緊密連結且可衡量的目標

公司初創時期最重要的目標在於，建立支援未來事業發展的客戶基礎。客戶基礎的標準可能是以顧客數量或收益金額來衡量，但不論是哪一種，都需要有一個與產品進入市場工作協調一致的具體目標。

這家公司的行銷計畫欠缺能贏得市場的產品定位目標。即使是處於初創階段，公司在這方面的投資也很重要。此外，各位還記得科技採用鐘形曲線嗎？

該公司並無任何目標與適配的潛在客戶緊密關聯，以致於其進入

早期大眾階段的前景黯淡。

結合質與量的關鍵結果

各項策略和戰術必須包含優化區隔目標顧客的各種活動，而不只是聚焦在獲取潛在客戶。產品行銷團隊在這方面應該與行銷團隊密切合作。

即使行銷團隊達成各項目標，行銷有效潛在客戶確實增進了銷售有效潛在客戶，也不意味公司事業體質健全。我們的關鍵結果還必須顯示行銷通路的品質。這講求質量與品質兼備，例如：銷售週期的各項目標、合約平均價值、勝敗比率都可做為行銷通路品質的指標，而產品行銷團隊的工作會影響所有上述指標。

目標、策略與戰術

我們列出的各項目標實際上都屬於關鍵結果。分辨目標、策略或戰術之間的差異是件棘手的事，因為這取決於公司的發展階段和事業脈絡，例如：某家大型公司的策略是「成為最受喜愛的平台生態系統」。此策略可能涵蓋以下戰術：

- 建立或強化夥伴計畫；
- 增進最具生產力夥伴的忠誠度。

而該策略的年終關鍵結果可能是：

- 新增 5 個一級夥伴；
- 夥伴網絡整體成長達 25％；
- 經由夥伴應用程式介面處理的數據增加 100％。

反觀剛起步的公司，其策略可能類似大型公司的關鍵結果：「爭取到 5 個新的一級夥伴」。有些夥伴在某個類別裡特別有影響力，因此與其建立夥伴關係不失為一項策略。戰術不會聚焦在打造適用於大多數合作夥伴的計畫，而是專注在下述這類更具體的事情：

- 與少數特定的目標合作夥伴整合應用程式介面；
- 發布一系列工程師部落格貼文，介紹如何測試和驗證這些整合可以提高效能；
- 爭取到 5 個能夠迅速採取行動「友善的」合作夥伴。讓工程師團隊在開發者論壇上發表他們對這些夥伴的印象感言和提出各式問題。

當一家公司處於初創時期，構思產品進入市場方法的整個過程將變動很大。完善的初始階段行銷計畫應該設定策略架構，並確認關鍵的重大行動，但也要為可能發生的情況預留應變空間。此外，還要確定應該衡量哪些指標，以便公司審視行銷作為是否成功，主要判斷標準是業績有沒有達標。

此階段的問題是，可能過於在意那些錯誤決定。

擴大規模的階段

　　某家公司的經常性收益超過 1,000 萬美元。他們力圖重新專注於能夠取勝的領域，並提升公司成長率。

各項目標：

- 界定類別並使公司成為該類別的領導者；
- 利用創造需求的活動提供銷售團隊可預期且有效的各種機會；
- 善用夥伴生態系統來達成類別與需求創造的各項目標。

各季度策略：

- 打造基礎（第一季）；
- 建立基準線／開始實施（第二季）；
- 穩固行銷組合／持續完善高潛力通路（第三季）；
- 監看與優化（第四季）。

　　以下是強化方案的可行方式：

與事業緊密關聯的各項目標

　　該公司全然欠缺緊密連結行銷與事業計畫的目標。他們應該推動行銷通路並提升轉化率來達成 2,000 萬美元的收益目標。在成長階段，收益是公司成功與否的最重要指標之一。

各項策略 VS. 各種戰術

絕不要把何時應該完成什麼事情的待辦清單當成策略。同樣地，不要將監控、優化和調整等善盡職責的作為當成策略。

這些才是優質的策略：

- 提升產業及客戶驗證，實現產品傳教士的宣傳作用
- 優化漏斗及銷售流程的關鍵區段
- 透過增加跨通路的實驗來找出發現新目標客群的方法

在這個階段，市場對你公司往往已經有一些認知，但大眾可能還不能清楚地了解你們的產品及其功能。市場上也可能有許多訴求相似（解決方案）競爭對手，而且尚未有任何一方占上風，或者你期望能鞏固在市場的領導地位。

你必須找出最能提升市場地位的方法，而產品行銷團隊能在此時發揮重大作用。專注於最能幫助事業成長的客群；更嚴格地界定銷售有效的潛在客戶；理解並非所有客群都應該一視同仁！

最重要的是，確認哪些客戶對你的事業最有益。在此階段，公司應該建立可以反覆操作的發現及轉化顧客流程。產品行銷工作應該專注於對銷售團隊賦能、培養產品傳教士和探索新的配銷通路。

成熟階段

某家科技公司的年收益達到數億美元，而且有數十款產品上市。他們目前成長最快的業務是整合旗艦產品的新產品線。

目標：新產品線收益在總收益的占比成長 20%。

各項策略：

- 提升產品線解決方案的知名度及採用率；
- 確立公司在新類別的領導地位；
- 促使人們深入了解公司如何服務目標客群；
- 擴展公司品牌對於目標客戶的意義。

進階學習｜關於擬定周全行銷計畫的專業提醒

這些提醒適用於任何發展階段的所有公司。

界定競爭環境的範圍。我在各家公司的行銷計畫幾乎都看過各自版本的「領導或定義類別」目標。大多數人清楚如何透過這些觀點來構思行銷計畫，然而他們往往忽略了界定競爭環境的必要性。我們必須知道要考量或不必考量哪些事情，也要幫助團隊評估如何思考解決方案。我們明白，界定競爭環境的範圍和公司在其中的地位需要花很長的時間。另外，我們必須不斷地檢視競爭對手在競爭環境中的表現。許多公司之所以失敗，是因為他們不了解成功的法則可能被其他公司改變。

當心費付行銷和鉅額預算的引誘。獲得資源既是福也是禍。費付行銷會讓人看不清成長的有機基礎是否確實到位。如果沒有健全的有機成長，就只能再投注更多資金或資源來推動成長，最終導致無止境的過度支出。我們可運用許多方式來建構有機成長基礎，包括內容、社群、比較網站、專家共同推廣的網路研討會、數位論壇及提升用戶推薦的能見度。

這是一家經營卓著的公司，你可能認為此時行銷目標應該與公司總體目標有所區別。然而，行銷團隊仍然以公司整體目標來推動行銷計畫。在科技公司，當行銷組織擴大規模又分配到大筆預算時，想要避免被其他團隊指手畫腳，與總體目標對齊的做法極為有效，表明行銷團隊的行動師出有名，以及為何及如何服務產品業務。

該公司的實際計畫有一些具體細節無法納入本書：他們如何命名他們想要發展的類別、他們渴望如何緊密地連結目標客群、他們的產品線命名方式如何助長銷售結果。所有這些細節充分地發揮產品行銷的效用。

對於大規模的組織來說，另一項要務是推展產品進入市場計畫，並鼓勵其他共同成功擬定計畫的團隊給予必要支援。與此同時，各團隊的OKRs務必協調一致，才能將每支團隊的成功與其仰賴的團隊連結起來。

談到行銷計畫時，最好的做法是產品行銷完成的所有策略與進入市場的思維相結合，有助於追蹤產品團隊，根據他們正在打造的產品來預設推動公司成長的方式。然後，進入市場經濟動能將推進詳盡的行銷計畫，使一切進入市場的神奇力量發揮效用。

第 4 篇

說故事的人：清晰與真實——重新思考訊息傳遞的流程和工具

第21章

產品定位

在一年一度 RSA 資訊科技安全大會的一場雞尾酒晚會上，某位知名網路安全領導者自信地與眾賓客寒暄。這時有位資安業界「成功人士」的高階主管走了過來，熱情地向他打招呼，並興致勃勃地問道，「最近忙什麼？」

提問的人是 Salesforce 前信任長暨 ServiceNow 前資安科技長布蘭登・奧康諾（Brendan O'Conner）。他服務過的公司都是業界巨擘，由於在第一線見證了雲端安全機制的不足，於是決心打造解決方案，並與人共同創辦新創公司 AppOmni。

跟大多數提供新解決方案的新創公司一樣，AppOmni 想要運用新語言來說明自己的事業。布蘭登一開始不清楚該怎麼做，所以他事前準備了一些談資，並在派對上對每個人進行測試。

幾乎每位回應他的人都問說，「這是不是跟某家公司正在做的事相去不遠？」或是「噢，你是說那個（既有公司）雲端資安工具嗎？」他事後分析那晚得到的回饋，明白了即使是有雲端資安專業知識的人，依然習慣用既定的認知來理解 AppOmni。這強烈地提醒他，人們必須

從熟悉的事物來著手了解新事物。

布蘭登必須用既有產品做為參考點來定位全新的產品，這是他意想不到的事情。然而，他持續傾聽、學習，並依據早期的所有對話來調整 AppOmni 訊息傳達的方式。這種迭代的學習方法有助於發現客戶想要聽取的訊息。我們能夠從而洞察市場認知的落差，以便透過訊息傳達來彌補不足之處。

我在第 2 章分享過微軟產品行銷團隊講述 Word 故事，使其成為當時評價最高的文書處理軟體。那則故事運用了有悖常理的方法（該 Word 版本更新功能較少），並善用關鍵訊息（聚焦於人們實際上如何使用文書處理器）。

當定位和訊息傳達成為故事的一部分時效果最好。故事能傳遞更多資訊，使人相信你的產品，而且故事令人難忘。人們不會認為我們在強迫推銷，反而覺得自己收穫更多知識。

我要再次強調定位與訊息傳達之間令人困惑的差異：

- **定位**是指產品在客群心目中的地位，也就是客戶如何認知產品的功用及其與既有產品的差別。
- **訊息傳達**涵蓋你訴說的關鍵內容，旨在強化定位、提高公司的可信度，以及讓人想要知道更多資訊。

定位是長期賽局，訊息傳達則像短期競賽。訊息傳遞必須在特定時刻、依據特定脈絡，或著眼於特定行銷活動去調適與客戶息息相關的事物。我們的定位會隨著整體傳達的訊息而逐漸成型，但效用往往

視其目的而定。

定位是經年累月的行銷工作

當微軟辦公室套裝軟體首度問世時，產品行銷團隊運用的所有桌面生產力應用程式參考資料隨之改變。這是強化產品系列故事的一環，旨在強化我們想訴說的故事：微軟辦公室套裝軟體開創了新的產品類別。

我不厭其煩地反覆撰寫和述說相關故事，也理所當然地認為市場應該很熟悉這款套裝產品。然而，銷售數字與我的想法背道而馳。直到問世的近兩年後，在我們準備推出新版本之際，辦公室套裝軟體才創造最高收益。

回顧科技採用鐘形曲線圖，我們花了數年才達到曲線隆起的階段，但後來的進展則極為快速。

定位一直是訊息傳達工作的第一步，但要落實定位得仰賴整合所有活動來強化更遠大的故事，例如：如果你有一支直接銷售團隊，許多定位工作將發生在反覆評估產品價值的過程中。具有嚴格標準的評量價值指南可以強化定位，並提供框架讓客群評估你與所有競爭對手的產品。同樣地，訓練銷售員應對跟競爭有關的難題可以正向（或負面）地促進顧客購買產品的流程。

定位也經由聲譽有機地生長。所有存在產品傳教士的地方、完全沒人傳播產品福音的地方，對市場認知均有影響。比較網站、評論、排名、社群網站貼文、線上論壇、人們創製的內容或公司員工的流言八掛等元素，都在市場認知的形塑上扮演一定的角色。這些是我們可

見的部分，此外還有一些可能造成更大影響卻看不見的環節。這種集體情緒對世人如何看待產品有著巨大的影響。

　　基於這一切理由，定位應該被視為所有產品進入市場活動的結果，而不只是產品訊息的傳達。然而，因為訊息傳遞是我們可以控制的事情，也屬於講述產品故事的一環，所以我們接下來將聚焦於這個課題。

優秀的訊息傳達看似容易實則困難

　　訊息傳遞與大多數人的想像不同。這不是能讓人朗朗上口的品牌主張，或具有說服力的產品功能聲明，不是產品定位宣言，也不是行銷團隊在會議室裡催生的人造物。

　　我們很容易看穿糟糕的產品訊息，因為縱使讀了內容，我們依然無法從而得知產品的功用。出色的產品訊息傳達自然而然令人心神領會。其出色的原因在於預料到人們想聽到什麼訊息──不論那是純粹的事實或激勵人心的故事──儘管要看清人們的期望並不容易。這項任務真正的關鍵作用如同布蘭登所說，要讓產品訊息在人們的心智地圖中占據重要一角。

　　如果執行得當，好的訊息傳達是市場驅動過程的結果，在這個過程中，產品定位是明確的。好訊息能為產品價值提供框架，使人想要進一步獲得更多產品相關知識。

　　訊息發想過程始於第一大基礎要項：深入洞察客群與市場，然後進行大量的探索工作。我在第 11 章探討過這個課題。你應該試著理解潛在顧客看世界的方法。試著去了解：他們相信什麼？也要找出他們知識不足之處，並善用訊息傳達來彌補缺口。

重要的是，切記人們會對你的話存疑，而且他們有充足的理由這樣做。新科技伴隨的成本總是超越產品售價。撇開客群和時間不談，還有其他太多事情要管理。最終，太多產品辜負了人們的期望。

本書第 4 篇聚焦於創造富有意義的訊息傳達方法。我將深入解說一些別開生面的案例，闡明隨時間推移，這些產品公司如何演進以反映瞬息萬變的市場與商業動態。另外，我也會探討如何在發現過程中學到的知識與最終的訊息傳達之間取得平衡，並如何透過一頁式畫布搭配整個進入市場經濟動能來活用訊息傳達。

進階學習｜訓練有素的工程師務求精確

有工程背景的人確實講求精準，這就是陳述令人感覺可信的原因。如果不夠精準，可能給人不夠真誠或資訊不足的觀感。

我們也知道，以簡化的方式談論某件事、或省略掉某些細節並非不求精確。這是引導人們達成共識的一種方式。當我們引用萬有引力這個概念時，大多數人會從牛頓與掉落的蘋果這個故事說起，然後再解說以下公式：

$$F=G\,\frac{m_1 m_2}{r^2}$$

兩質點之間的萬有引力與其質量的乘積成正比，而與其距離的平方成反比。

訊息傳達的任務是在深入一切細節之前，先做好連結工作。如果沒有先設定脈絡關係，將難以處理更深層的事物。雖然面對具有專精知識且了解整體脈絡的人，你可能不會運用這種交談方式，但這正是傳達產品訊息與詳述產品細節大相逕庭之處。

第22章
傾聽與連結的方法：
Expensify 和 Concur 案例故事

我為產品行銷工作坊的學員們設計了一種練習方法，讓他們從訊息傳達範例清單中，選出一個最能引發共鳴、激發求知欲的案例。十多年來，Expensify 公司初創時期的實際案例總是最受學員青睞：

「絕不會搞砸的開支報表！讓員工輕鬆省事、令管理者喜愛的開支報表製作方法。」

我們總是熱於討論這句話廣獲喜愛的原因。此案例融合了這些要素：

- **打中人心、直接點出實情**。製作開支報表這工作確實吃力不討好！當人們看到這項保證不搞砸工作的產品訊息時，等於說出了他們的心聲，有別於只會大談產品的功用，反而覺得產品值得信賴。
- **以簡單且引人注目的方式有效地指出產品的好處**。「輕鬆省事」

並未具體提及自動化或效率提升，但立即讓實際製作開支報表且對此心存恐懼的人安心。

- **兼顧有利害關係的多方受眾**。Expensify 公司對開支報表有細微的了解——不光是需要報銷費用的員工，管理者也要做很多財務和行政相關工作。他們的產品有益於每位利害關係人，而且只用簡短幾個字就傳達了這則訊息。

Expensify 公司的訊息中每個用字都有具體意義，經過深思熟慮並富有感染力。不但在當時發揮了成效，更被許多人效法致敬，例如：Zoom 傳達的這則訊息：「絕不會搞砸的視訊會議！」

我們也可以從這則訊息推測他們想擁有的市場定位：以最簡單、好上手的方法為所有人簡化開支報表製作過程。但請留意，他們並未以此做為訊息。在課堂學員的練習中，我也將 Expensify 公司競爭對手傳達的訊息納入案例裡。他們大多數與下面這則直接摘自某網頁的訊息大同小異：

「（我們的產品）提升現場服務組織和行動辦公人員的效率與效能。你可以藉此創造意義非凡又可衡量的價值，進而優化事業、增進績效和取悅客戶。」

試想一下，有多少產品能夠套用這則訊息？應該有數百種吧。你能推敲他們試圖擁有什麼樣的產品定位嗎？我實在想不出來。

遺憾的是，大多數的產品訊息與這個例子如出一轍。出色的訊息

不會只談產品功能或可望帶來的各種好處，而是要傳達我們對產品服務客群的深刻了解。這需要傑出的聆聽技巧。我們必須透過傾聽來獲得洞察、令人感覺我們理解他們。

接下來，我將告訴你實踐的方法。

聆聽與學習

每個人都想被人看見和理解。然而，人們大多數時候只是喋喋不休地說自己想說的話，全然未能反映他們了解我們多少。就像布蘭登在 RSA 的同事一樣，人們是將產品訊息放進各自的認知脈絡來了解產品。出色的訊息傳達要能預料這種情況，並提供受眾背景脈絡做為連結點。

想做好這份工作必須原原本本地了解目標客群的日常生活，而最好做法是直接與他們對話。我們可以詢問他們一些開放式問題：

- 你平常如何度過一整天？
- 工作上哪些事情實際上讓你備感挫折？你為何徹夜難眠？
- 壓垮駱駝的最後一根稻草是什麼？什麼促使你尋求解決問題的新方法？
- 如果得到能創造萬能工具的魔法棒，你會用它來創造什麼工具？
- 你最近自掏腰包解決什麼樣的工作難題？

細心傾聽獲得洞察、領會什麼話語令他人覺得自己被理解。也就

是說，要給人你真心同理他們正在經歷什麼的感受。我們可以經由發現產品市場的過程，或藉由經常與潛在或既有客群對話來做到這點。因此，我建議大家每週都要與客戶聯繫。

唯有設身處地理解客群的背景脈絡，我們才能洞察什麼樣的訊息能夠打動人心。接下來的步驟則是，依據所學知識來測試各種不同取向的訊息傳達。你可能會對訊息引發的共鳴感到不可思議。

可信度和清晰易懂

Expensify 公司的競爭對手是早十五年起步的業界老字號公司 Concur，不過 Concur 已被 SAP 收購。而 Expensify 依然被定位為新一代、具革新精神、商業行動更明快的破壞式創新者。

圖表 22.1 對照這兩家公司近期傳達的一些訊息，我們可以從中看清他們如何以迥異的語言與風格訴說同樣的事情。我們也能從中推論，二者都是針對那些時常出差而需要管理各項差旅費用的客戶痛點。

世上沒有絕對的「頂尖訊息傳達」方法。我們只能企求訊息符合產品進入市場策略、也符合產品定位，這意味著我們應該選擇能夠平衡地滿足這兩方面需求的訊息傳遞方式。

SAP 可能專注地協調各事業部門的一致性，所以推動訊息一致性是獲得該公司批准的重要因素。我們也可以假設，SAP 訊息傳達方式經過測試，而且圖表 22.1 提供的版本都比他們其他版本更能打動顧客。

然而，正如打造產品，數據的作用是提供資訊而非驅動結果。網路流量和公司各項指令不應該成為產品訊息的唯一決定性因素。如果用那種方式創造訊息，產品定位與產品差異化終將隨著時間推移而逐

漸模糊。傳達訊息應該有意識地落實進入市場策略。這點至關重要。

　　我們知道 Expensify 和 Concur 的訊息傳遞都可能存有看不見的影響因素，接著讓我們更深入地檢視這兩個案例。

圖表 22.1 兩種各異其趣的訊息傳達風格

Expensify	SAP Concur
「放輕鬆、讓 Expensify 為你效勞」	「很棒的差旅費用管理，永遠都是」
「不論你是口袋塞滿收據的差旅戰士或是埋首文書作業的會計，Expensify 能使你處理收據與管理費用的流程全面自動化」 ● 一鍵式掃描收據 ● 隔日報銷費用 ● 自動化審批作業流程 ● 會計系統同步自動化	「幫助企業應對差旅費用的最大挑戰」 ● Concur Expense 隨時隨地提交和審批費用 ● Concur Travel 隨時隨地取得差旅訂票、訂房紀錄 ● Concur Invoice 自動化及整合報銷流程

深度分析 Concur 案例

　　「很棒的差旅費用管理，永遠都是」：他們斷定自家產品更優秀，但沒有說明原因。他們也認為，不論是員工或管理者都會體驗相同的好處。從好的方面來想，這則訊息是明確的。

　　「幫助企業應對差旅費用的最大挑戰」：這跟講述產品的好處一

樣平淡無奇。

- Concur Expense 隨時隨地提交和審批費用；
- Concur Travel 隨時隨地取得差旅訂票、訂房紀錄；
- Concur Invoice 自動化及整合報銷流程。

這是由個別產品名稱導出的功能清單，並未從客戶的觀點來看產品。他們無疑試圖藉由「隨時隨地」來強調機動性、雲端運算與整合型服務。

這些訊息要求我們相信 Concur 產品「永遠都是最棒的」，因為他們的產品功能隨時隨地都能使用，還可以被整合入既有的流程裡。不過，我們必須用過系列產品才能真正了解那些訊息的含義。

深度分析 Expensify 案例

「放輕鬆、讓 Expensify 為你效勞」：這訊息令人萌生這款產品能為我代勞的想法，暗示了便利和自動化，儘管沒有明確說出來。

「不論你是口袋塞滿收據的差旅戰士或是埋首文書作業的會計，Expensify 能使你處理收據與管理費用的流程全面自動化」：前半句成功激發渴望的效果，掌握了人們從實際體驗中遭遇挫折的具體細節。當我出差時，錢包、背包和公事包裡往往塞滿各式收據。我們的財務長為了將大量的數位文書作業與會計系統同步在當月結算，總是向所有人發送「最後催繳通牒」的電子郵件。

這段訊息顯示，Expensify 了解人們的現實處境。然後，他們表明

自家產品可以幫助我們把整個流程自動化，接著進一步說明使用方法：

- 一鍵式掃描收據；
- 隔日報銷費用；
- 自動化審批作業流程；
- 會計系統同步自動化。

這份清單具體告訴我們，Expensify 如何實現承諾，「一鍵式」和「隔日報銷」顯然優於大多數舊系統的五次點擊與三十日報銷常態。

重要的小細節在於：Expensify 提到的「會計系統同步」跟 Concur 所說的「自動化及整合報銷流程」指的是同一件事情，然而前者是比較有效且現代的用語，後者儘管準確，卻令人感覺老套乏味。

現今的勞動人口有一半以上屬於千禧世代，而且 Z 世代也成為職場第二大生力軍。**產品訊息傳達必須考量我們試圖觸及這些世代的心理特質。** 我們應該盡可能活用能引發聯想、振奮人心的語言，好與這些目標客群產生連結。

你知道唯一的方法是什麼？透過聆聽他們訴說自己的人生，然後對他們測試訊息來達到想要的結果。

CAST：簡要的訊息檢測指南

我們不難分辨他人傳遞的訊息是出色或平庸，但自己組織訊息時往往比較難看清優劣。因此，我在第 5 章介紹了 CAST 來檢驗自己組織的訊息。我們可以用這套準則來評量且據此優化自家產品訊息。

1. 清晰易懂。產品功用是否簡單、好懂，訊息能否激發人們的好奇心？訊息的全面性是否會妨礙理解？

2. 真實可信。你的用語能否引發目標客群的聯想與共鳴？訴說方式是否令受眾感到自己被理解？

3. 簡明扼要。目標客群能否輕易領會你的產品引人注目或與眾不同之處？他們明白你的產品更優異的關鍵嗎？

4. 通過測試。是否**在目標客群實際體驗的脈絡中**進行測試和迭代過程？

值得重申的是，在目標客群體驗的脈絡中進行訊息測試很重要，可以讓我們立即看出哪些用語軟弱無力。我們也能從而領會，善用哪種設計或視覺元素能強化訊息重點，而不必詳盡一切細節。

檢視一下 Expensify 的案例，你會發現他們傳達的產品訊息都符合上述四個標準。

頂尖公司和追求破壞式創新的新挑戰者，都是持續透過探索清楚易懂、基於客戶既有認知的訊息來講述他們的故事。這既是產品定位，也能啟發人心。訊息傳達是講述產品故事的基礎，因此我在闡述產品行銷第三大基礎要項時，深入探討了訊息傳達這個重要課題。

第23章

在行動中領悟道理：
Netflix 和 Zendesk 案例故事

　　我的孩子無法理解為何我連續十多年在週四夜晚收看《六人行》（*Friends*）。畢竟他們生活在影音串流盛行、由客戶隨心隨選、隨時隨地在任何裝置上觀看電視節目的影音時代，他們能在幾個月內得知劇中羅斯和瑞秋最終的情感歸宿。Netflix 是這項消費行為重大轉型背後最強大的一股力量。

　　客戶服務軟體公司 Zendesk 創立於 Netflix 成軍十年後。雖說軟體即服務模式行之有年，但直接讓大企業客戶免費試用客戶服務軟體的構想頗為新穎，而且就如同試用 Netflix 那樣便利。Zendesk 認定，有眾多公司需要更簡便的操作介面和更現代化的採購方式。他們成為改變 B2B 軟體進入市場方式的軟體即服務公司浪潮之一。

　　Netflix 和 Zendesk 都擁有頂尖的產品，以及結合精準訊息傳達方式的出色策略。他們的產品定位和公司定位均出類拔萃。他們的進入市場模式仰賴將網站訪客轉化為試用客戶。他們傳達的訊息奠基於此，並且隨著時間推移而不斷發展，調適客群行為的變化、人們對公司的認知及順應商業策略。

本章將探討如何在訊息傳達中反映這一切變化，以及假設傳遞的所有訊息都經過測試和迭代之下，闡釋這兩個案例如何符合 CAST 的四個準則。此外，眾所周知，Netflix 與 Zendesk 都把網站視為產品。

Netflix 昔日的 DVD 事業

在影音串流服務盛行以前，觀賞電影和電視節目的標準方式是到出租店租借 VHS 錄影帶或是 DVD。這個模式有什麼問題呢？

- **代價**。租一部影片來看得花 4.99 美元，而且逾期還要繳罰款。
- **慣性**。為了租借影片，你必須開車到出租店、挑選影片，然後排隊完成租片流程。這實在談不上便利。
- **選擇**。大多數影片出租連鎖店並沒太多經典電影，而且新發行的影片總是一片難求，想追劇往往很難順利一季接著一季租借。

Netflix 的長期願景是讓家庭娛樂徹底轉型，然而他們早期傳達的訊息與完成這項任務無關。在最初十多年裡，Netflix 傳遞的訊息聚焦於影片租售服務，以及強調自家公司比既有出租模式更優質的原因（圖表 23.1）：

- 「想租多少電影都行！每月只需 8.99 美元。」這則訊息**清楚表明**，只要付不到兩部影片租金的月費，想看多少影片都可以。
- 「從經典電影、新發行電影到電視影集，應有盡有」這**凸顯** Netflix 能彌補既有模式供需不足之處。他們用**簡單的**說明展現

圖表 23.1 Netflix 網站 2009 年的宣傳訊息

想租多少電影都行！
每月只需 8.99 美元

✔ 租借和還片都免運費
✔ 從經典電影、新發行電影
　到電視影集，應有盡有
✔ 隨時取消訂閱

若有任何問題，
請撥打 1-866-636-3076
每天 24 小時提供服務

免費試用

新模式更利於租借的理由。他們沒強調可供選擇的數千部電影和各式電視影集。

- 「租借和還片都免運費」這是服務更**便利**的原因。顧客借閱和歸還影片都透過免費的郵遞方式完成，無須自己來。

- 「隨時取消訂閱」這則訊息與產品及其好處無關，其旨在降低風險。對 Netflix 這家新興的網際網路公司來說，建立顧客信任事關重大，因此他們在網頁上提供顯眼的每天 24 小時客服電話號碼。資訊透明是建立信任關係的**可靠**方式。

- 網頁上的照片顯示一家人依偎在一起享受電影之夜。照片的效果跟用文字敘述不相上下，二者結合起來更能打動人心。

當賽局出現變化時

改採影音串流模式是 Netflix 在策略上的一項豪賭，促使其事業徹

底轉型，快速地推動客戶接受影音串流服務是成功的關鍵，即使轉變需要時間。此時，Netflix 傳達的訊息堅決地鎖定這個最重大的事業發展方向（圖表 23.2）：

- 「觀賞電視節目和電影……」訊息先提到電視節目，因為影集是讓人欲罷不能、沉浸其中的行為（追劇）。他們承認客群的觀賞行為已經出現變化、明示顧客能得到什麼，並且讓人覺得自己**真正**被理解。
- 「隨時隨地」等訊息**簡單明瞭**地道出影音串流勝過 DVD 的明顯優勢——你可在任何時候、任何地方透過智慧型手機、筆記型電腦、平板電腦或是電視機享受影視娛樂。
- 「每月只需 7.99 美元。」價格是影音串流服務比 DVD 服務更有價值的一個核心環節，因此訊息**明確**點出這一點。

圖表 23.2 Netflix 網站 2014 年的訊息

免費試用
一個月

隨時隨地觀賞電視節目和電影
每月只要 7.99 美元

開始你的免費
試用 1 個月

- 「開始你的免費試用 1 個月」邀請好奇的網頁訪客按下行動呼籲按鈕（call-to-action button）來一探究竟。
- 搭配文字訊息的照片有了很大的調整。除了龐大的平板電視這個新元素之外，照片也透過電視畫面呈現 Netflix 的產品體驗。

品牌主導訊息

到了 2016 六年，Netflix 的目標是成為全球最膾炙人口的影音內容供應商。除了推出自家的原創節目之外，他們也提供《絕命毒師》（*Breaking Bad*）與《富家窮路》（*Schitt's Creek*）等影集，藉此專注地打造富時代精神的文化平台。人們都想要被人了解及擁有歸屬感，而 Netflix 懂得充分利用這一點（圖表 23.3）：

- 憑藉他們的品牌和業務趨於成熟，Netflix **明確**地傳遞「接下來要看什麼這個令人好奇的**簡要**訊息，與日益激烈的競爭對手做出區隔。他們也邀請人們成為文化時代精神的一部分。
- 「隨處觀賞」再次簡明地強調 Netflix 最大的產品優勢 —— 能夠無縫在各平台之間離線觀看。
- 「隨時取消」這是持續建構信任關係的**可靠**方式。同樣地，以「加入免費試用 1 個月」取代「開始你的免費試用 1 個月」，營造出部落歸屬感。

這些遣詞用字的選擇或許看似微不足道，然而整體來說，具有強大的情緒感染力，能夠以簡明扼要的方式明確定位產品的差異及全面

圖表 23.3 Netflix 網站 2016 年左右的訊息

接下來要看什麼 •————
隨處觀賞。隨時取•————
消訂閱加入免費試
用 1 個月

的價值。這是二十年來出色行銷工作的成果，如今他們已經能毫不費
力地推展品牌訊息。不過 Netflix 的產品演變符合科技採用鐘形曲線，
由此可知，即使是傑出的公司也需要時間始能達到卓越。

Zendesk 能料到顧客想知道什麼

當 Zendesk 創立時，線上客戶服務與支援軟體行之有年，然而他
們力圖在這個既有類別締造新猷——不過度仰賴直接銷售，而是藉由
免費試用和口碑來促進成長。這意味著，他們的客群不一定有機會與
銷售人員對話，因此公司在產品訊息傳達上必須能夠預想人們想要什
麼。我們可從 Zendesk 初期傳達的訊息看出端倪，他們甚至幫客戶提
出問題（圖表 23.4）：

圖表 23.4 Zendesk 網站 2010 年到 2011 年訊息

Zendesk 是什麼？
以網路為基礎的**服務台軟體**、
擁有精良系統與自助式線上**客
戶服務**與支援平台。
敏捷、聰穎且便利。

超過一萬家企業採用 Zendesk

msnbc
我們一天內完成
安裝及測試，
並在 1 個月內正式上線。

Scribd.
自動化的客服任務指派
是我們的救星，為我們
省下了無數的工作時數。

**新客戶支援
行動地圖**
看看它如何
實際運作

10,000+
企業運用
Zendesk
➜ 獲知更多訊息

**新個案研究
Moonfruit**
學習他們活用
Zendesk 全面重建
客服品牌的方法
▢ 閱讀更多資訊

- Zendesk 是什麼？它是**以網路為基礎**的服務台軟體，而且擁有**精良**的系統和**自助式**客戶支援平台（底線是我加上去的，單純用來顯示差異化因素）。訊息也非常**明確地**說明產品功能。有趣的是，他們的頁面標題並未提及產品功能，而是陳述「**客戶支援變得簡單**」扼要地點出最佳的產品定位。

在創立三年、擁有約萬名顧客之後，有必要闡釋產品功能。

Zendesk 花了這麼長的時間才在業界建立名號。這提醒我們，即使是成功的企業，科技採用鐘形曲線仍需多年的時間來發展成形：

- 請留意，儘管這是一家現代又極具變革精神的公司，但網站訊息並沒有運用**流行或革命性的**語言，而是訴諸客群想聽、較為**真實可信的**用語。他們也明確凸顯自家產品的差異性。
- Zendesk 網站首頁主要向目標客群訴求**權威感**和可信度。關於客群認可（逾萬客戶採用 Zendesk）、全球版圖（顧客支援行動地圖）、多元平台（主要的產品視覺圖）、易用性（不需要信用卡）我們都可以一目了然。他們網頁嵌入了許多訊息，而且運用多樣化的形式傳達。

Zendesk 在初創時期就無畏地在語調和品牌營造上給人別出心裁的印象❶，更實實在在地對客戶傳達愛意（請注意他們商標上的愛心）。

客群渴望的結果主導訊息傳達

在股票即將首次公開上市之際，Zendesk 於所屬類別早已享有聲譽，因此他們傳達訊息的重點轉移到客戶渴望的結果（圖表 23.5）：

- 「讓顧客滿意從未如此輕而易舉」**明確地**挑起人們的好奇心。

---

❶ 他們大費周章研究可以用於品牌設計的佛像，確保不會無心地冒犯佛教，又顯得公司別具匠心。儘管這種選擇令人印象深刻，但效果終究有限。最後他們改採更能反映自家產品線演進的形象。

- 產品定位尤其**扼要**：「完美又讓人得心應手的客戶服務軟體。」
- 網站首頁的其他部分不斷迭代，**真誠地**連結潛在客群的各種需求。超過 30,000 知名品牌及客戶信任 Zendesk。他們的產品功能強調可以讓客戶輕鬆地計算出公司投資報酬率，而不只是口說無憑。

圖表 23.5 Zendesk 網頁 2014 年初股票首次公開上市前的訊息

Zendesk 正確地定位自己的競爭優勢：強效的產品設計，以及讓顧客能夠輕鬆地試用他們的產品。在股票首次公開上市後，他們加倍努力使產品別具一格（圖表 23.6）：

- 「**完美又得心應手的客戶服務軟體。**」他們把文字訊息簡要至最低限度來傳達產品功能及出類拔萃之處。
- 以**可靠的**方式把訂價置於首頁，讓人們無須多加點擊就能獲知想要的資訊，實際上這做法也可以降低產品試用阻力。

圖表 23.6 Zendesk 股票首次公開上市後最初的網站訊息

我們將 Zendesk 和其他主要同業網站進行分析比較——每位訪客平均瀏覽量、平均網頁停留時間等，你將發現 Zendesk 大獲全勝。他們非常注重網站在客戶體驗旅程中的角色，這就是 Zendesk 成功將新的進入市場模式引進所屬類別的原因。

Netflix 與 Zendesk 是各自產品類別中訊息傳達方面的最佳典範，他們的訊息都回答了客戶想問的問題，還符合公司的商業策略及市場當下的各種條件。他們以對客群來說有意義、真實可信的方式傳達重要訊息，並確保在正確的時間傳達正確的訊息。

進階學習｜產品行銷人員側寫：
崔茉莉（Julie Choi，音譯）

面向開發者的產品行銷

在 2008 年那時，蘋果公司才剛要發布 iOS 作業系統，而安卓（Android）作業系統甚至還未誕生。臉書剛為第三方開發人員推出社群應用程式平台。而雅虎（Yahoo）對這一切皆躍躍欲試，於是首開先例，聘請茉莉擔任專門為開發人員服務的產品行銷人員。

茉莉在當時學習到，以謙遜的態度和渴望了解開發人員的問題來接近客群很重要。他和雅虎開發人員網絡的工程師攜手，一同闡釋應用程式介面、服務、架構的價值，並反映到開發人員日常的各項問題中。他體會建立連結的關鍵在於，優先考慮開發人員的問題並提供雅虎的解決方案。

面向開發人員的產品行銷成為茉莉擅長的強項。在過去十年期間，

他陸續於 Mozilla、惠普（HP）和英特爾（Intel）從事產品行銷，從而見證以快速的步調創新與研發。開發人員加速人們採用網際網路、行動裝置、社群媒體、機器學習相關科技的過程，這意味著，開發人員本身在調適和重新打造工具方面，比其他任何專業或職業領域更眼明手快。

在日新月異的科技領域裡，行銷必須透過最高品質的說明書、展示、程式碼樣本、實作訓練環境等來擴大客群服務範圍。可用工具不勝枚舉，而茱莉直截了當地展示程式碼使開發人員明白，他公司的各項工具如何讓研發工作更輕鬆、快速或節省更多成本。

在長年與世界各地工程師、設計師和架構師合作的經驗中，茱莉的行銷主軸始終在於，維持訊息傳達要結合 20% 的理想和 80% 的務實，也要運用範例增加訊息的可信度。他的產品行銷方法全然摒棄無關緊要的事物、開門見山、雙管齊下，因而為服務過的每家企業帶來實質的成長。

第24章

追求平衡的行動：準確的訊息搭配適當的時機

在網際網路方興未艾之際，微軟的辦公室套裝軟體已經為網際網路備妥多項特色功能。當時產品上市前的標準宣傳做法是，巡迴全國各地對焦點團體測試各項功能。微軟的試驗包括給參與者一組描述各項功能的卡片，然後要求他們依據各項功能的價值來排列優先順序。

沒有任何人把網際網路相關的功能排在首位，這結果令人深感意外。在當時科技圈裡，網際網路是每個人津津樂道的話題，然而焦點團體參與者直截了當地跟我們說「市場還沒到位」。於是我們陷入了典型的行銷兩難困境：領先客群的價值觀、超前部署網際網路行銷來推動市場，還是順應客群眼前的優先事項來推展行銷工作？

儘管就當時的條件來說有點冒險，但我們決定應該由網際網路相關的特色功能主導行銷活動。不久之後，我們就知道這是明確的判斷。然而，在 Loudcloud 發生的事情卻恰恰相反。

Loudcloud 是第一家網際網路基礎設施即服務公司，也是率先談論雲端運算和軟體即服務的業者之一。我們向分析師和客戶求教，並透過焦點團體來理解客群的觀點。他們提到最接近軟體即服務的是一種

託管服務，但我們覺得它格局不夠遠大，不足以成為公司的願景。因此，我們決心努力改變人們的思維。

我們倡議，雲端就如同強效的公共設施，可以被活用來提供動態的隨選服務。我們透過當時全球最出色的平台來宣揚這個願景——Loudcloud 的共同創辦人、首位廣泛使用的網際網路瀏覽器程式共同編寫人暨網景公司共同創辦者馬克・安德森建構了這個平台。當時 Loudcloud 的事蹟甚至一度成為《連線》（*Wired*）雜誌的封面故事。

但在那個時期，這些作為都不足以讓大眾看出我們預見的重大科技變化。當時科技界投入類似事業的公司還沒有共通語言，雲端服務尚未蔚為風潮。在 2000 年，全世界仍努力理解什麼是雲端服務，如今它早就無所不在。

Loudcloud 在時機尚未成熟時過早推出雲端服務，傳遞的產品訊息未能在人們的集體心智地圖留下印記，畢竟這是一次步伐過大的躍進。我們開創新類別的宏圖黯然以失敗告終。

你推出願景故事的時機是否適當，必須根據客戶、行業和技術趨勢的認知程度來判斷。想擴展人們的認知範圍，就需要讓人領悟產業正隨著你公司的腳步邁進。我們要爭取的不是群眾，而是異口同聲的肯定。當年雲端服務就不具備這項條件。

在適當時機傳達訊息和定位產品的關鍵在於，掌握確鑿無疑的證據——產業趨勢、客戶故事、產品採用、專家背書、數據等。接下來，讓我們來探討如何平衡、取捨及做出明智的決定。

類別：開創新類別或完善既有類別？

有人認為，擴大格局或領導類別的唯一方式就是界定新的類別。我不認同，圖表 24.1 列出我不同意的理由。這不是全面又詳盡的清單，也可能有人不認同我的分類方式，然而我旨在使你理解各項要點。

總體來說，開創新類別極其困難，需要堅持不懈的毅力和大量的時間與資源。完善既有類別則比開創新類別有更多的成功範例。圖表右邊欄位是科技業巨擘的創新產品，而這些產品都是在其所屬領域被認知之前就先推出了。

圖表 24.1 這兩種情況都能產生類別領導者

開創新類別	完善既有類別
亞馬遜線上商店	谷歌→超越雅虎
亞馬遜網路服務	蘋果 iPhone →超越黑莓機
Netflix	臉書→超越 MySpace、Friendster
紅帽（Redhat）開放原始碼解決方案[1]	Salesforce →超越 Siebel
	Slack[2] →超越 Hipchat[3]
	Spotify →超越 Pandora
	SpaceX →產品已被 NASA 採用
	微軟→幾乎被所有企業採用
	特斯拉→完善了電動車的每個層面

創造類別並不屬於行銷活動，而是需要產業轉型及其他公司跟進。

---

[1] 已被 IBM 收購。
[2] 已被 Salesforce 併購。
[3] 已被 Atlassian 收購。

類別的創造需要卓越的產品策略、商業策略、行銷策略、非凡的領導力、資源、運氣及堅定不移的執行力。我們還要有充足的證據來說服公司外部和客戶，使其相信轉型正在發生。然而，真正擅長上述所有作為的公司並不多。

在科技業，所有類別都被進一步區分成更小的次類別，而且界線會隨著新科技及趨勢而調整，每年也會有許多新公司投入其中。因此，為既存類別重新界定範圍是比創造新類別更穩操勝算的事。你會有錨定產品訊息的定位基準點。

訊息傳達必須與客群及其感受產生連結。有時，願景會令他們著迷不已。強調產品是重大變革中的一環可能有助於挑起人們的好奇心和興奮感。

如何活用新願景取決於公司獨特的市場情況、發展階段和可運用的資源。我們需要一則故事來使產品成為願景的一部分。誇大的宣傳文章無法取得共鳴，故事需要許多真實可信且扣人心弦的要素。故事要有創意，但也要有確鑿的例據並慎重行事。

不論你選擇開創新類別或是完善既有類別，都必須透過一則完整的故事來實現。你的故事應該涵蓋產業時事分析、數據、影片、客戶體驗、受眾信任的產品傳教士證詞。類別領導者要關注如何觸發人們對產品可能性產生好奇心，好確立並維繫產品在類別中的定位。

產品經理的功能

產品經理最清楚產品的走向及其背景脈絡。他們形塑產品願景與策略，因此當然對產品的未來發展有明確的理解。

他們有能力啟發產品故事構想，以及確保技術層面的訊息正確無誤。他們明白哪些特色功能符合客戶當前的各項需求，也清楚何種定位方式可以讓產品走向令人矚目的未來。例如：如果 AI 對你所屬類別的發展至關緊要，就應該著重宣傳產品如何應用 AI。不過，這並不是故事的導言，我們可以凸顯 AI 將如何別開生面地發揮產品特定功能。

銷售團隊的功能

我服務過一家公司，其執行長偏愛某種宣傳旗艦產品的方式。當時他們的行銷團隊正在為應該傳達什麼訊息與各單位溝通，當中包括有自己一套表達方式的銷售團隊領導者。行銷團隊比較喜愛銷售團隊領導者的措辭，但認為可以讓訊息再活潑生動一些。

在敲定適當的訊息傳達方向之前，他們用網站首頁分別測試了執行長、行銷團隊和銷售團隊領導者構思的訊息。每項試驗歷時一週，也都提供一條「了解更多」的點選連結，以此測試受眾投入程度。

銷售團隊領導者的版本，點選率大幅超越執行長的版本逾1000％，也輕易地擊敗行銷團隊的版本。最終，他們採用了銷售團隊領導者的訊息。行銷團隊檢視這個結果的原因後領悟到，其他版本都過度仰賴行業術語，讓人有種產品不太真實可信的感受。

在發展對客群有效的訊息方面，銷售團隊就是關鍵盟友。由於向客群傳遞訊息是他們的日常工作，因此他們傳達的方式不會讓人覺得是在強迫推銷。不過，我們盡量避免提供銷售團隊已經定案的訊息，而是一起構思，然後在銷售現場實地測試，如此得出訊息效果最有效。

搜尋趨勢和技巧的功能

我們在第 5 章探討過搜尋引擎優化的課題。專門網站的搜尋引擎優化之後，可以讓訪客依其搜尋方法來發現他們想要的產品。

搜尋引擎可以提供重要資訊，但不足以做為最終傳遞的訊息。我們在訊息傳達上還必須考量如何在確立產品定位、回應競爭和應付當前趨勢之間求取平衡。

無論如何，我發現許多好用的搜尋技巧能夠快速評估訊息用語、概念和類別，有助於構思產品訊息。以下是一些以搜尋為基礎的驗證訊息效果的技巧：

- **搜尋趨勢**。你可以藉此深入了解世界各地網友如何使用你所屬領域有關的術語。當你想比較某些術語來驗證何者最有效時，搜尋趨勢最能發揮作用。
- **搜尋歷程測試**。這類似其他的用戶體驗旅程測試，不過我們必須關注的是用戶如何搜尋我們的產品，以及依據發現的資訊所採取的各種行動。
- **鎖定目標廣告促成的購買行為**。測試相同的主題並適度調整很重要。我們透過測試獲得更多定向回饋，這意味著，以全然不同的方式來驗證訊息的方向。例如：比較「強調公司作為」以及「著重產品能解決什麼問題」的廣告，測試二者相對於競爭對手類似廣告的成效。
- **關鍵字檢核**。這測試通常由專家來做，主要檢視和分析你與對

手的相關字詞如何出現在網路上。實驗結果能夠指引我們構思主要訊息，增進產品在搜尋結果中更容易被人發現。

力求平衡

最適合當前傳達訊息與形塑未來定位的最佳方式，不光取決於產品及公司發展階段，也與產業和市場的動態息息相關。因此，網路搜尋結果對於標定起始點及衡量你的定位是否與時俱進特別有幫助。

產品愈是處於初期發展階段，就愈需要講述它能為人們解決什麼痛點和問題來凸顯其必要性。我們創造心智上的連結點來幫助人們了解產品的功能，以及界定或重新界定世人看待產品所屬類別的方式。

當公司愈趨成熟，人們會愈熟知你的產品和所屬類別。這時傳達的產品訊息可以著重在激勵心智層面。同樣重要的是，要聚焦在建立長期的定位，重新設定類別的目標，讓產品朝公司願景的方向發展。

關於產品訊息傳達和產品定位，創造強效的故事和訊息只是一切的開端。接下來我們要挑戰如何使所有團隊口徑一致地宣傳產品。一頁式訊息傳達畫布在此時派上用場了。

第25章

一頁式訊息傳達畫布

　　在一個寒意襲人的秋日，某企業執行長向所有行銷、銷售和產品團隊領導者發送一封電子郵件，催促他們出席一項重大會議。該公司正與強悍的競爭對手正面交鋒，卻也節節敗退，而且對方的產品故事更為出色。這家企業亟需一個優質的銷售方案來說服客群。

　　在會議期間，行銷總監提出可以在電子郵件行銷上發揮效用的訊息，產品總監則建議採用能朗朗上口的標語來宣傳產品功能。銷售經理並不認同這些點子，卻也沒有更好的想法。他們只是提醒大家現行的銷售方案效果不差。

　　產品行銷總監比其他領導者資淺，他竭盡所能地把資深領導者的提議整合進現行的銷售方案中。結果這次匆忙會議形成的新產品故事，並沒有對任何客戶進行測試，也未被實際運用到產品簡報。它就只是與會者都尚能接受的結果。

　　像這樣多方協作卻產生平庸結果的情況其實屢見不鮮。卓越的訊息傳達和故事的形塑確實需要團隊協作，然而產品行銷領導者的職責不是兼容各種提議，而是創造強效的方案。他們必須有效管理產品故

事及訊息傳達方法。

正如我在本書第 4 篇所言，強效的訊息傳達出自高效的工作流程。本章提出的一頁式訊息傳達畫布，其設計旨在做為高效流程裡的建議收集站，最終促成強效的訊息傳達方案。

完成的畫布將成為每個人的便利工具包，藉以打造有助於定位和強化產品敘事的格局。

一頁式訊息傳達畫布使用方式

一頁式訊息傳達畫布將各項訊息元素區分成個別的基礎材料。它使每個環節——定位、客戶利益、產品如何發揮功能和確認產品效用的證據——成為可以運用在任何進入市場目標的個別工具。這些工具你不會全部都用，但需要的時機總能派上用場。

當畫布完成時，裡頭所有的項目都是我們認為自家產品為何卓越的理由，而且產品的市場定位必須明確。

不要把一頁式訊息傳達畫布當成填寫表格（圖表 25.1）。一開始，應該記錄值得我們測試的各種點子，然後著手試驗、探索並與各團隊共同完善這些想法。接著，透過各種能觸及客群的媒介，讓他們體會我們的想法。這是一個迭代的過程，而且我們應該像出色的產品探索歷程那樣，準備好做出取捨。

完成的畫布將成為所有團隊談論、書寫或創造產品相關訊息的主要依據。促使所有人運用同一套工具、傳達一致的訊息，以此強化自家產品的市場定位。以下是活用畫布的方法：

圖表 25.1 一頁式訊息傳達畫布空白格式

一頁式訊息傳達畫布

定位聲明 清晰易懂、真實 可信、簡明扼 要、通過測試	產品的功用		
支持／關鍵好處	合理的客戶利益	或策略差異性的 關鍵範疇	或對客戶重要的 各項品質
	為客戶創造的價值		
客群區隔關鍵 ●首要的決策者 ▲次要的決策者 ◆技術上的影響 　力人士	對顧客有益的 原因 ●◆第一項好處 ● 第二項好處	或某事物為何對 客戶有價值 ▲第三項好處 ●▲◆第四項好 　處	或某事物為何對 客戶至關重要 ●▲◆第五項好處 ▲◆第六項好處
	價值證明：支持上述說法的證據		
各項商業條件 什麼能讓我們知 道客戶與產品適 配	• 第一項證明 • 第二項證明	• 第三項證明 • 第四項證明	• 第五項證明 • 第六項證明

　　設定：發現訊息。透過開放式問題來找出客群的語言和情境。這些問題可做為市場適配發現過程中的一環：他們將如何向友人描述我們的產品？他們體驗到什麼難題從而去尋找有效的處理方式？

　　聆聽他們的用字遣詞，留意他們如何講述自身的難處。我也是小型市場調查的愛用者，只要提出一兩個簡短但切中要點的開放式問題即可。它們能在不需任何提示的情況下捕捉到人們的想法。「你何不

試一試我們的服務？」或是「我們的產品如何改善才能更貼合你的需求」等問題，明確地指引我們必須釐清哪些訊息。

第 1 步驟：確定你最重要的目標客群並據此形塑訊息。訊息傳達對象並非所有的產品受眾，而應該限定在重要的目標客群。另外，傳遞訊息務必要清晰易懂。我們不乏觸及其他受眾的工具，但應該避免向所有人道盡一切卻未能傳達有用訊息。

第 2 步驟：設定「入門」訊息和「關鍵支援」訊息。想想客戶渴望聽到什麼。何種訊息令人信服又耐人尋味？這可以是產品涉及的所有好處、嶄新的產品功能、產品相關的生態系統或你公司解鎖的科技。從先前所有的迭代過程尋找靈感，不要掉進自說自話的陷阱。入門訊息和關鍵支援訊息構成的支柱可以用來打造一切的訊息框架。

第 3 步驟：客戶用友善語言列舉出有價值的領域。別只列出產品功能及其效用，還要連結到實際使用案例，例如：你可以闡明獨特的產品使用方式可能帶來什麼樣的好處。我們必須讓受眾具體了解這些產品價值。

第 4 步驟：給予特定受眾合適的訊息。不是所有訊息都適用於所有目標客群。我們應該在畫布中使用特殊符號來標示哪個訊息適用於哪些目標客群，例如：如果目標客群是開發人員，可以用菱形符號來標示各項有助於數據整合的應用程式介面。至於提升開發人員生產力的部分則可以用菱形符號和圓形符號來標示。這些符號分類對於工程相關的領導者很受用。相同的訊息也可被用於多個不同的目標客群。

第 5 步驟：提供證據。關於訊息傳遞，他人對公司產品的回饋跟你的看法一樣重要。想一想什麼能促使他人為你傳播產品福音。客戶

故事往往有記憶點容易分享。我們可以拿實際使用案例、能證實自家產品比較出色的數據、研究或分析人員的證詞或經驗證的投資報酬率為證。重要的是，這部分應該充滿事實且證據確實可信。

第 6 步驟：透過各式媒介（電子郵件、網站、簡報）測試客群。如果你擁有銷售大軍，放手讓他們試驗，因為他們可以迅速傳播訊息並評估受眾的各種反應。我們當然會聽取人們所有的回應，然而重點不在於找出說「這很好！」的客群，而是確認什麼能激發他們的好奇心與深化彼此的對話。如果客群的對話裡沒有顯露對產品的任何興趣，就得持續改善訊息。我們必須找出與受眾情感接軌、能成功挑起他們好奇心的方式。

第 7 步驟：精進訊息。還記得 Netflix 如何運用「隨時取消訂閱」的訊息嗎？即使那不是直接與產品有關的訊息也可能產生效果。這一步驟是要利用我們在第 6 步驟學到的要領進一步完善畫布裡的訊息。你可能已經找到一個有效的品牌主張，不過畫布只需要納入我們想要各團隊活用的訊息就好，而且務必前後一致。精進畫布的最佳方式之一是練習大聲說出訊息，並試想首次接觸產品的人聽不聽得懂。避免過度使用術語，也不要讓人覺得我們在強迫推銷。最後定案的訊息務必要達到 CAST 四項準則的要求：

1. 清晰易懂。產品功用是否簡單、好懂，訊息能否激發人們的好奇心？訊息的全面性是否會妨礙理解？
2. 真實可信。你的用語能否引發目標客群的聯想與共鳴？訴說方式是否令受眾感到自己被理解？

圖表 25.2 IndexTank 一頁式訊息傳達畫布初稿

定位聲明 清晰易懂、真實可信、簡明扼要、通過測試	IndexTank 強效的搜尋應用程式介面能讓你輕鬆為各項程式增添實時的客製化搜尋力。 簡化成：簡簡單單為你的應用程式增添強效搜尋力	
支持／關鍵好處	時下各應用程式的強效應用程式介面	
	對於客戶的價值	
客群區隔關鍵 ●運用搜尋功能的營運或資訊科技人員 ▲自由接案或強化技能的開發人員 ◆賦予用戶優質搜尋力的產品相關人員	●◆實時：即時更新的搜尋結果 ●定位感知：確認搜尋者所處地區的經緯度有助於精準搜尋 ●社群：運用投票結果、評比、按讚數或網頁瀏覽率來決定搜尋結果 ●▲◆為行動裝置做好準備：使用 Java 程式設計語言的應用程式介面	
各項商業條件 • 對公司來說，搜尋是重要事項或一大難題 • 企業需要實時或社群過濾器來使搜尋結果與時下客群產生連結 • 公司必須消除用戶體驗或客戶成功方面的各種搜尋限制	價值的證明 • **Reddit** ──在 1 個月內提升每日搜尋 10 兆文件的能力，並成為名列前茅的社群新聞網站 • **Twitvid** ──搜尋的重點在於實時發現那些獲得社群評價的最新內容	

由你控制的客製搜尋功能	簡單、迅速且自主
●▲◆**迅速**：應用程式介面在記憶體裡運行，而非儲存在磁碟中，所以能幾分之一秒產出搜尋結果 ◆**不再遮遮掩掩**：有自信符合用戶需求，所以讓他們深入了解我們的內容 ●▲◆**容許語意不清的搜尋**：讓搜尋者獲得想要的搜尋結果，而不受限於輸入的關鍵字。支援模糊的語法或不完整的字句 ●▲◆**自動完成**：用戶簡單就能迅速獲得搜尋結果 ●▲◆**摘要**：用戶不須要點擊就能預覽搜尋結果 ●**多層次**：用戶可以動態地控制搜尋結果的呈現方式	●**可擴充**：持續提升搜尋力 ●▲◆**免費**：前 10 萬筆搜尋免費，因此沒有啟用風險 ●▲◆**更輕易且更快速**：可增添 SOLR、Sphinx、Lucene 等關鍵資料檢索與搜尋功能 ●▲支援 Ruby、Rails、Python、Java 和 PHP 等程式語言
• **Blip.tv** ——加權結果對商業模式很重要 • **TaskRabbit** ——智慧相關性和模糊邏輯（fuzzy logic）對搜尋結果的重要性 • **Gazaro** ——使用戶可從多個層面控制其期望和想要的搜尋結果	• 能在客戶提出要求後立刻提供樣本資料 • 其他平台在內建相同功能上需要較多作業時間去客製化

3. 簡明扼要。目標客群能否輕易領會你的產品引人注目或與眾不同之處？他們明白你的產品更優異的關鍵嗎

4. 通過測試。是否在目標客群實際體驗的脈絡中進行測試和迭代過程？

一頁式訊息傳達畫布實際案例

圖表 25.2 是領英收購的新創公司 IndexTank 初期畫布初稿。該公司從事搜尋即服務（Search as a Service）事業，目標客群為運用搜尋技術的大型網站開發人員和營運主管。在此案例中，每個訊息支柱分別撐起各自的關鍵受眾。

在發展訊息的過程裡，他們意外地區隔出第三類受眾：能夠成為產品傳教士的開發人員。雖然這群對象本身不使用 IndexTank 產品提供的服務，但他們喜愛測試新科技，而且在各開發者論壇極為活躍。

IndexTank 發現到，大多數開發人員在學習過程中依賴口耳相傳，因此公司傳遞的訊息不只要挑起搜尋技術開發人員的好奇心，而是連廣大的應用程式開發人員都要納入其中。

然而，在網站上測試訊息之後，他們改變了焦點。雖然訊息基礎仍維持不變，但產品定位聲明調整為「簡簡單單為你的應用程式增添強效搜尋力。優質的搜尋帶來優異的商機。」這是基於好奇的應用程式開發人員並不會成為他們的付費客戶，而更強效的搜尋力能為大型網站創造更多的收益，因此對 IndexTank 來說，這是更理想的客群，於是定位聲明轉變為最重要客群想聽的訊息。

進階學習｜最常見問答集

● **要用多少時間完成一頁式訊息傳達畫布？**

就新創公司來說，訊息傳遞過程會歷經時日地改變。首次迭代很快就會發生（通常在一週內），試驗和改進過程可能持續一個月。訊息往往時常更新。在成熟階段的公司，測試與完善所需時間取決於探索及試驗程度，或許會耗費數月，不過一旦完成，重大產品訊息將在產品生命週期內維持不變。

● **客戶在多大程度上能夠推動訊息傳遞？**

客群貢獻很重要，但訊息是用來通知客戶，而不是反過來靠客戶傳遞。客戶的洞察只是資訊來源。只有你擁有圍繞在他們身邊的所有訊息、市場動態、技術趨勢與業務需求。

● **產品多樣化的公司需要多少訊息傳達畫布？**

每款產品或每一系列產品都應該有各自的畫布。

● **如果畫布超過一頁該怎麼處理？**

一頁式畫布用意之一是強迫我們節制地確立優先要務，這促使我們在最重要的事物和鉅細靡遺的敘事之間取捨。工具箱中還有其他工具（網站、白皮書、功能比較圖）可以滿足更深層次的資訊需求。一頁式訊息傳達畫布目的在於，使每位訊息傳遞者都能一致地強調訊息重點。訊息傳遞簡明扼要很重要。

第5篇

進階產品行銷和領導力：
如何在公司各階段
高效地執行與領導

第26章

領導及產品行銷變革

當瑪拉・夏瑪（Mala Sharma）於 1996 年來到矽谷展開他的高科技產品行銷職涯時，諸多事情讓他感到不可思議。沒有任何人知道每日或每週的銷售數據，也無問責機制確保行銷活動產生商業影響力。公司衡量產品行銷（或是行銷）成功與否的標準似乎是：只要製作宣傳品就夠了。

在職涯初期，瑪拉在聯合利華（Unilever）印度據點擔任民生消費用品品牌經理，不過當時他接受如同總經理層級的培訓。他必須知道產品每週銷售額、所有產品相關成本及公司的關鍵商業動力。

然而，來到矽谷後他領會到，身邊沒有人知道產品行銷策略可以藉由深入了解客戶感受、競爭對手和市場來開創各種機會。他前來矽谷擔任產品行銷職務，隨即著手推動質與量的客戶研究，並且找到一個透過改變包裝、訂價和進入市場策略的利基市場。他的成功促使公司對產品行銷角色幡然改觀。

這堅定了瑪拉的信念，無論到任何職場，自己都要改變他人對產品行銷工作的看法。後來他轉任 Adobe 公司 Photoshop 產品行銷總監

時發現，產品經理習慣在想好要打造哪些功能後，才交由產品行銷團隊來構思產品訊息，以及對銷售團隊賦能。於是，瑪拉開始參與他能出席的所有會議，確保自己比任何人更了解各轉市場機會。他尋思，如何促進公司事業成長？產品訂價有無問題？產品有進入市場計畫嗎？他摸清公司的產品行銷策略，並力圖在每次會議上改變大家對產品行銷的認知。

他的職責迅速擴大到涵蓋 Adobe 所有創意解決方案，而且他持續地從外部延攬相關領導者來促成產品行銷徹底轉型。瑪拉跟大多數矽谷同僚不同，在招攬人才上不偏重科技背景，而是尋找擁有民生消費產品、科技產品和管理諮詢等方面資歷的人。他設定高標準，也清楚這類人才不可多得，但又不像大多數人認為的那般鳳毛麟角。兼容並蓄多方歷練的人才是公認具有策略敏銳度，以及有商業頭腦的營運者。

Adobe 公司的年度收益超過 110 億美元，這意味其組織規模大且複雜性高。瑪拉必須明確定義產品行銷相對於產品管理、活動行銷和產品進入市場團隊的角色職能。因此，他爭取軟體生命週期團隊同意在產品與行銷之間的各影響點上提供協助。他們共同編製書面文件來確保符合各方需要，然後傳達給每位有利害關係人。同樣重要的是，他投注資源來訓練新進產品行銷人員，使部屬能迅速領會產品行銷模式及公司對他們的期許。

在促進轉型的過程中，他得出工作最重要的關鍵是什麼？產品行銷工作成功的關鍵在於數據，以及對市場與客戶的各種洞察。他們必須無畏地把各種艱難選項攤到桌面，讓協作的各團隊做出抉擇。這將持續不斷地提升產品進入市場的思維，並增進產品行銷發現事業成長

新方法的能力。

　　瑪拉對產品行銷的功效有清晰的遠見，因為他在先前的工作中體驗到這股力量。因此他能夠設想產品行銷的運作方式，形塑從業者的行為及其在他人眼中的形象。

　　大多數人就沒有那麼幸運了。這就是為什麼企業領導者必須明確界定產品行銷角色在整個組織裡運作與溝通的方式。產品行銷角色應該發揮四大基本功能——大使、策略家、說故事的人、產品傳教士，而其運作環境是由領導他們的管理者界定。

　　讓我們著手來檢視產品行銷的組織方式。

產品行銷人員向誰回報工作？

　　就產品行銷工作能否產生效用而言，跨功能產品團隊配置產品行銷人員的方式比他們向誰回報工作更重要。我在第 8 章探討過這個課題，此處不再贅述。

　　根據研究諮詢公司 Forrester 的看法❶，產品行銷的人員配置沒有規定的比例，一般而言，每 2.6 位產品經理會配置 1 名產品行銷人員，有一些公司則是每 5 位產品經理配置 1 名產品行銷人員。

　　除了產品經理與產品行銷人員的配置比例之外，產品行銷人員應該向產品或是行銷團隊的領導者回報工作是另一個常見的難題。最佳的做法取決於兩大關鍵因素：

---

❶ https://www.forrester.com/blogs/whats-the-right-ratio-for-product-or-solution-success/.

因素 1. 公司要為哪些商業問題提供解決方案？

因應行銷的組織方法。當產品在市場站穩腳跟時，公司將轉為專注市場。此時應該再細分客群區隔（微區隔），例如：打造夥伴關係、推出套裝產品、深入協調進入市場工作的一致性等行銷策略，都仰賴身為行銷組織一環的產品行銷人員發揮功效。

這使產品行銷能夠涵蓋各種產品。驅動進入市場思維的是市場與客群，而非個別產品。產品組合是公司營收成長的來源。產品行銷的組織方式要考量客戶如何體驗產品價值，例如：大型企業客戶與個別客戶體驗產品價值的方式是否不同？

因應產品的組織方法。在高科技產品不斷推陳出新、公司力求做好產品訊息傳達的情況下，產品行銷人員向產品主管回報是比較妥適的安排。這可以降低資訊傳遞給進入市場團隊時遭遇的阻力。

由於產品行銷團隊緊密地整合進產品組織裡，產品行銷人員可以成為產品團隊的發言人，協助與市場團隊溝通。這種工作回報結構也能增進產品團隊的市場敏銳度。

因素 2. 哪位領導者能發揮產品行銷團隊的潛能？

如果你幸運地擁有獨特、具跨領域經驗或非凡領導力的領導者，務必善用其優勢，例如：你的產品長可能精通市場，而且比行銷長更有策略性思維，那麼即使產品市場已經成熟，也應該繼續讓產品行銷團隊向產品長回報工作。這麼做有助於產品行銷工作發揮成效。

相反地，兼具強效產品領導力的行銷長能促進產品團隊與進入市場團隊之間健全的協作關係，因此理當讓產品行銷團隊向行銷長回報

工作。

界定產品行銷的角色範圍

產品行銷界多才多藝的通才不計其數，使得界定其角色範圍成為一件棘手的任務。當一款產品處於生命週期初期階段，全才型的產品行銷人員極具價值。因為產品行銷人員此時必須做許多產品詮釋和市場適配工作才能找出進入市場的最佳策略。通才能夠廣泛運用其各項技能來發現策略或推進行銷活動。

無論如何，當公司日趨成熟、可反覆運用的產品進入市場模式較明確之後，情況大為改變。此時我們需要專精於垂直市場、行銷或配銷通路，或精通顧客區隔的產品行銷專員。

產品行銷團隊往往隨著時間推移、產品日益成功和市場漸趨複雜而擴大規模。有的公司擁有多名專家組成的產品行銷團隊，負責推動單一產品的進入市場核心要務，然後另有一些產品行銷團隊分別專注於主要的垂直市場，以及最重要的目標客群。

我們應該依據對未來發展最關鍵的要項及團隊組織方式來界定產品行銷角色範圍。接著，明確地向各團隊傳達相關訊息。

推行產品行銷組織變革不一定要全面重組，可以安排最傑出的產品領導者與最出色的產品行銷領導者搭檔，共同負責公司最重要的目標客群，並促使團隊嘗試各種進入市場模式與工具。針對公司的獨特現況來調整，然後推出在組織現實條件下行得通的版本。這能給予大家有效的參考點，了解公司期許產品行銷發揮何種角色功能。

至於重新啟動產品行銷——重新定義現存的產品行銷團隊章程

──則必須投注時間從合作夥伴團隊的觀點來檢視其職能表現與各方期許之間的落差，然後重新架構組織與流程來彌補落差。我們還需明確的指標幫大家釐清，舊有的問題是否在新的組織結構與章程之下逐漸得到解決。

接下來，讓我們探討在重新審視產品行銷團隊章程時要考慮的組織動態和修正方法。

產品行銷與產品管理

產品行銷與產品管理團隊運作良好的基礎在於，信任產品行銷團隊的客群及市場相關知識。二者信任關係破壞往往因為一些小事──對產品缺乏好奇心、討論過程未運用數據、探討產品時只是隨機地提及行銷的幾項需求。

要找出這些癥結必須第一手觀察雙方的互動，例如：透過參與產品行銷人員與產品經理的團隊協作會議來評量雙方互動關係。我也建議透過直接與他們面談來判斷問題成因。

許多產品經理不了解創造產品故事、產品訊息或進入市場策略的困難程度。他們往往覺得，用字遣詞或特定活動的差異是見仁見智的事情。

因應這些動態來界定產品行銷角色範圍時，我們得同時專注於過程中的種種變化，以及產品和產品行銷團隊雙方對於「好結果」的期望標準。

產品行銷與進入市場團隊

所有進入市場計畫觸及客群之後都無法維持不變。沒有人能夠預料他人的行動,而產品行銷必須引導人們的反應。

當產品行銷人員過度聚焦於執行計畫、不夠專注於回應市場實際動態時,往往會產生挫折感。如果銷售或行銷團隊覺得產品行銷團隊的方案成效不彰,就需要明確的方式來討論如何改善。

在重新檢視產品行銷人員的角色或職責時,我們應該確立各團隊決定優先要務的標準流程,例如:要求銷售團隊在每週例行會議加快制定新銷售工具或調整未來活動計畫的速度。

產品行銷與高階主管的領導力

大多數高階主管對產品行銷工作或其應盡職責並沒有明確的概念。產品行銷領導者必須界定團隊的優先要務,並與團隊推動的進入市場活動產生連結。

這要從清晰的產品進入市場計畫着手,然後還要有詳細闡述各項特定活動與方案如何促成各個商業目標。他們也要說明,團隊各活動短期(季度)和長期(年度)績效的衡量方法。

包容力的重要性

團隊領導者最重要的功能之一是確保團隊組成為成功做好準備。關鍵不只是聘用不同性別或族群背景的人才。這是團隊還要有洞察力能夠看到其他人無法察覺、但卻至關重要事物的原因。

如果一款產品能線上購買，那麼即使是以美元計價，也可能迅速流通全球。如果某款產品受男性歡迎程度勝過受女性青睞，那麼推出粉紅色版本將很難有好回響。如果購買產品時要求用戶提供個人資訊，某些顧客可能會心生抗拒。

這些都是產品團隊會面臨的真實情況，在這類場景中，某個持不同觀點的人能夠動搖產品團隊的主導意見。在大多數案例裡，此人往往在性別或族群背景上不同於團隊其他成員。而且，在這些案例中，由於持不同觀點的人表達了意見，團隊最終往往能做出更好的決定。

眾所周知，多元異質的團隊有著諸多優勢，其表現總是勝過包容性不足的團隊。只不過，大多數人並不明白，光是聘任多元異質的人才還不夠。谷歌於 2012 年推動亞里斯多德專案（Project Aristotle），對旗下數百支團隊進行長達一年的研究，以了解為何有些團隊日進有功，某些團隊則一籌莫展。

他們發現，績效的關鍵不在於團隊由哪些人組成，重點在於成員之間協作的方式。成效卓越的頂尖團隊彼此建立互信基礎，所以能不畏衝突，自由、毫無保留、熱切地辯論各種想法。

以下是幾個對團隊結果產生重大影響、攸關團隊能否持續保持高績效的關鍵因素：

- **心理安全感**。這意味著對於提問、拋出新想法、表達異議、分享個人見解具備信心及安全感。
- **值得信賴**。團隊成員都能可靠地案時完成高品質的工作，而且當責不讓。

- **結構與明確性**。這意味明確了解公司對各職務的期望，以及實現這些期望的清楚理解。
- **意義**。工作有其目的，對於個人饒富意義。
- **影響力**。很重要的是，人們想要感受到自己有所作為及自我貢獻。

團隊功能失調導因於團隊動態中累積形成的集體陋習。有時，甚至連我們自己也沒有意識到團隊運作不協調。這對產品行銷人員來說事關重大，因為他們是從事跨職能的工作，必須有信心去影響那些互不隸屬的團隊。他們對於表達不同意見必須具備心理安全感。

領導者必須確保職場環境正常運作。頂尖領導者以身作則，致力於形塑符合期望的行為，例如：讓沉默者感受到自己的意見被聆聽、最後發言以確保大家都分享了想法、欣然接受各種不同的觀點，以及不去辯駁自己不贊同的意見。另外，展現坦誠、尊重、清晰的思路，以及必要時不畏困難地交流的意願。

在領導產品行銷團隊上，不僅需要檢視各項商業目標和產品行銷角色的職能，更要注重團隊組成方式和團隊如何發揮功效，如此一來才可以激發團隊的潛能。

第27章

延攬高效產品行銷人才的方法

最近，我受邀擔任三位產品行銷應徵者的最終面試官。他們都講了一些正確的事情——持續專注於策略、訊息傳達、了解客戶——然而，我只建議錄取其中一人。

此人並非三人裡最擅長簡報的那位，其強項在於擁有別人很難學會的職能——坦承自身知識不足的謙遜態度、因時制宜的能力、真心對產品抱有好奇心。另外兩位也自稱具有這些技能，然而我看出唯有這位具備。

其他兩位各有令人印象深刻的長處。其中一位的口語溝通能力極佳，也很了解產品行銷的角色。另一位擅長引導組織克服各種障礙，深諳組織管理的架構。然而，徵才的企業是初創時期的新創公司。對他們來說，重要的是調適能力和好奇心。

本章將探討領導者延攬傑出產品行銷人才的方法。

評量技能組合

每個人都想雇用獨角獸型人才——傳說中的全能者，甚至可以憑

藉念力折彎湯匙。這樣的人才即使存在，也是寥若晨星。

較常見的徵才方法是，找到對公司現階段最重要的人，再斟酌公司的成長空間，或衡量人才發展技能的潛力。關鍵不在於公司規模，任何發展階段的公司都可能有高效管理者／導師和團隊成員。

權衡取捨在所難免。接下來我會引用上述三位應徵者（好奇者、溝通者、協作者）為例來說明現實生活中可能遇到的情況。

我將運用第 7 章探討過的課題來架構人才必須具備的各項技能，然後提供一項評量這些技能的方法：

- **對客群有熱切的好奇心，並具備積極聆聽的意願。** 擅長產品行銷並不是指對所有問題都有正確答案，而是意味著要具有極佳的傾聽能力，進而能從客群、產品團隊、銷售團隊、新聞報導等出處察覺市場相關訊號。產品行銷職位應徵者必須精通連結廣泛、不同來源資訊的方法，還要有能力把資訊轉化為深思熟慮的行動和產品訊息。

  證據： 因應不斷變動的形勢或以資訊調適觀點的能力。檢閱他人提供的工作樣本，評量能否形成以客戶為中心的產品訊息。

  面試提問： 你能否談談過去基於學到的新知而變更既有計畫的經驗？當時是否重新思考自己的觀點？

  那位好奇心旺盛的應試者正是在這方面擊敗另兩位對手。當我逼問某個想法或計畫時，他能夠毫不遲疑地調適觀點，還表明「我會仰賴公司各方專家給予幫助。」這顯示他直覺地經由學習來解決問題，而分別擅長溝通及協作的另外兩位應試者則沒

有任何想改變定案的意願。

- **對產品懷抱好奇心又有技術能力**。產品變化多端。出色的產品行銷人員有成長心態來迅速調適行銷方法。他們持續學習技能、真心享受產品。要當心產業專家的誘惑。他們可能是雙刃劍——傑出的領域知識或許意味著其抱持固定心態來做事。

  證據：他們在面試時是否主動談論產品？他們在職業生涯中是否選擇過其他產業的不同工作？是否對該類別或產品有誠摯的興趣？

  面試提問：從 X 公司跳槽到 Y 公司時，你想追求什麼？你從先前的工作學到哪些知識可以應用到下一份工作？你當前最愛什麼產品？

  好奇的應徵者闡明了他對類別領域的看法，包括他如何評估競爭對手，即使他並非這方面的專家。其他兩位則沒有認真看待產品知識。

- **有商業腦袋，還有出色的策略和執行力**。人們選擇性談論的職涯亮點可以顯示出個人思維，例如：與其各項成就有關的商業結果。我們能了解他們如何定義卓越及其連結到有影響力結果的方式。

  證據：在合理時間範圍內達成出色的商業結果、使團隊大多數成員發揮潛力的協作方法。當談論產品上市計畫時，他們是否考量了產品的商業影響力？

  面試提問：你認為截至目前自己最大的成就是什麼？你怎麼知道自己成功了？三位應試者全都證明自己是深思熟慮的人，也

提出了在組織裡推行各項計畫的方法。

- **具備協作能力**。注重能驅動結果的系統性協作方法，不只是建立協作關係。如果他們時常與銷售團隊共事，在協作關係下能不能共同發展出各種銷售工具？他們曾經與產品團隊創造產品訊息嗎？對於相關過程有何想法？這並沒有單一的正確答案，我們要了解的是，他們能否在協作的過程中產生靈感。

  證據：團隊有能力討論、提升、加速協作成功的流程。

  面試提問：談談你所知的產品團隊、行銷團隊、產品行銷團隊之間的最佳協作模式，以及運作成功的關鍵為何？這是擅長協作的應試者的強項，證據顯示他曾在許多產品發布過程及時處理一些棘手狀況。這意味著他比較適合到成熟的公司任職。在那裡，產品行銷能否成功多半取決於整合進入市場團隊的各角色職能，使其與整體行動協調一致。

- **具備書面和口語溝通能力**。這方面的技能會呈現在面試應對、電子郵件回覆或領英之類的履歷中。出色的口語溝通技能也不代表擁有紮實的書面文書技巧。有人一開口就能折服全場，寫作技巧卻結構鬆散，有些情況則正好相反。

  證據：在正式的面試流程以外增加驗證相關技能的項目，例如：可以讓他們做一場簡報，擅長簡報的人不但懂得抓人眼球的吸精技巧，更講求臨場互動。檢視應試者如何執行工作是很實用的方法。

  在簡報階段，擅長溝通的應徵者表達清晰明瞭，全程時常停頓片刻與受眾交流。儘管如此，當他被問及偏離簡報主題的問題

時，表現相對遜色。顯然，他準備充足的部分表現十分出色，但臨機應變能力不足。他的傑出溝通技能比較適合成長階段的企業，因為那些公司透過明確、一致的訊息來擴展規模。

如何評估無關資歷的原始能力

擔任產品行銷職位面試官近三十年，我總會問應徵者一個問題，藉此清楚分辨是有行銷天分的動態型思考者，還是純粹擅長執行制式方案的人。我提出的問題是：

「請舉出行銷做得很出色的一款產品或一家公司。也請告訴我，為何你覺得其行銷工作非常傑出。」

我的用意是促成約十分鐘的對話，從中理解應試者對於行銷成功的定義及其工具組合的廣泛且多樣程度。這過程要求雙方認真對話，畢竟問題沒有標準答案。這實質上也是一場討論，過程始於聚焦在一家公司的行銷表現別具一格，但真正的考驗在此：

「現在假裝你是那家公司競爭對手的行銷領導者，你如何與該公司一較高下？」

進行這類討論的理由在於，雙方都不會有資訊上的優勢。這將迫使你同時關注對方的答案及其思考方式。這方法也不致於造成聆聽者認知上的偏差，因為你對應試者的答案不會預設期望。出色的回答理

應具備以下的要素：

- **行銷工具組合兼具廣度與深度**。關鍵在使應試者談論任何行銷優異的成因。這能揭露他對行銷定義的廣泛程度，以及**對行銷工具的了解**──他們能否善用品牌、客群、產品、精心安排的活動？是否能說明任何行銷作為有效的原因？

  如果應徵者未能深談廣告以外的事情，或者無法明確闡釋他們認為某項產品比較優質的理由，那麼就不適任產品行銷職務。如果應試者只會講產品、訂價、推廣、定位，卻沒有原創性的想法，我也會認為他難以勝任產品行銷的工作。因為這類人仰賴套公式，不能切實領會行銷構想如何與客群或市場產生連結。我總是活用「撒麵包屑」（breadcrumbing）的技巧給人諸多機會，也就是從例證提出一些建議，或援用新數據來引導對方，然後觀察他們如何回應。

- **能夠應對快速的變化**。科技趨勢向來瞬息萬變。當你讓這些應試者從公司競爭對手的觀點思考行銷活動時，可以切實從中分辨出彼此的差異。隨機應變、快速想出新點子是傑出產品行銷人員的基本功，因為科技業所有類別都快速且持續不斷地變動。傑出的產品行銷人員必須與時俱進。

- **對新資訊抱持開放心態**。我們給予應試者一切成功的機會，這包括提供更多資訊來幫助他們持續地思考，例如：如果目標客群或其他市場因素改變，他們也會相應的改變嗎？仔細聆聽他們做出的假設，並觀察他們如何應對出人意料的變化。

- **有能力應付種種限制**。有時，我會在面試時增加一些預算上的限制，例如：「如果預算只有 25 萬美元，你的優先要務會變動嗎？」

讓每位應試者發光發熱

讀者可能會納悶，「你認為行銷可以把哪三件事做得更好？」這類典型面試問題不好嗎？我們對自家公司的了解必然遠勝過應試者，而且對於卓越的行銷可能早就有一些想法。因此，我們將很難不以自己的見解來衡量應試者的答案。如果行銷並非你的專業領域，你尤難辨認對方的創新想法是否比你既有的觀念更勝一籌。因此，與應試者討論彼此都不熟悉的對手公司，你不致於匆促地對不同的想法驟下判斷。

校準：初級階段（剛拿到碩士或企管碩士學位者，或優秀的學士生）應試者每 10 個人裡會有 1、2 位屬於動態思考者。在更高階層，這個比率將會提升到約 1/5。至於在延攬產品行銷領導層級的人才時，可能每 3 位應徵者中會有 1 名動態思考者。

招募合格的人才是領導階層能為產品行銷做的最影響深遠的事情。在面試和評估人才時務求嚴格以對。不過，聘用人才只是開端，我們還必須促進人員的職能發展，使其發揮最大潛能。

第28章

引導產品行銷人員的職涯發展

產品行銷人員的職涯幾乎可以往任何方向走——領導成長團隊、產品團隊、行銷團隊或事業單位。他們並無預設的發展路線。有遠見的領導者幫助產品行銷人員成為博學多才且技能高超的人，從而使他們能夠走上任何職涯道路。

本章將提供你一份路徑圖，以引導產品行銷人員隨時間推移發展各項技能。此處所列時間範圍僅具指引的作用。

職涯初期：1 到 5 年

職涯初期者的賽局是廣泛、迅速的學習。領導者應該磨礪其詮釋市場訊號的能力，並敦促其學會如何完成特定的功能性任務。

別迴避詳盡且具體的回饋意見。評論他們的電子郵件內容並非微管理，前提是使其往後所有電子郵件更能發揮效用。要幫他們領略何謂卓越。

此刻是讓他們主導網頁重新設計案、引導活動策略的絕佳時機。我們也要確保他們學會如何評量工作有無發揮影響力和獲致成功的標準。

各項實用技能

- 詮釋客戶與市場研究報告的能力；
- 洞悉市場測試和顧客訪談結果的能力；
- 分析競爭的能力；
- 展示產品的能力；
- 發展銷售工具的能力；
- 創造網站內容的能力；
- 為思想領導力貢獻內容。

各項基礎技能

- 書寫能力：力求簡明扼要、更出色的說故事能力
- 口語能力：學會解讀受眾和做出相應的調整，以及必要時臨機應變的能力
- 與客群、銷售及產品團隊討論產品的能力

在初期階段，同樣重要的是給予產品行銷人員框架和各式工具，讓工作方法更有條有理。這能使他們更有效率，且不致於做多此一舉的事情。任何時候如果有機會，應該提供可效法的工作模範。

當初級的產品行銷人員能成功地管理他人（暑期實習生也算！），或能順利完成複雜且具高度影響力的專案、並使公司事業有了顯著進展時，他們已經準備好晉升到下一個層級。這些細緻的差異至關重要，與只是在團隊裡做好分內事不可同日而語。

中級階段：5 到 12 年

此時各項實用技能和種種期望都將擴增。我們可以預期他們對工作的想法將日益精進（例如：思考是否要與某公司建立夥伴關係），而且在遠不需指導下發揮創造力。

中階領導者是在公司裡較常見到的領導者。他們主導重大產品發布，也可能負責多條產品線，或引導從產品行銷到跨產品與市場區隔解決方案的行銷轉變過程。在此層級，獲致成功的複雜程度會增加。

更多實用技能

- 更深入的行銷專業知識，例如：品牌、溝通、數位、需求生成的相關知識；
- 對各夥伴賦能的方法；
- 垂直市場行銷方法。

更多基礎技能

- 領導跨職能行銷活動的能力
- 卓越地與產品團隊和銷售同僚溝通並獲敬重的能力
- 管理能力—— 深諳領導和擴展團隊的方法

這個階段最出色的領導者有能力教導他人學習關鍵行銷技能，以及提升團隊成員生產力。各項結果往往出自高效領導力，而且此層級的領導者本身也是高效人士。

當人們被指名去參與複雜或重大的跨職能專案時，很顯然已經晉升到中級階段，此時應該鼓勵他們領導產品管理或行銷等其他職能的人員，有助於讓他們的職涯更上層樓。

資深階段：10 年以上

傑出的領導者不光要有深厚的資歷，更要持續拿出好成績，以及從廣泛的各式情況學習成長。他們不僅必須擅長運用教戰手冊，也應兼具多樣的技能與知識。資深者見識過許多產品發布方法，而且熟悉產品維護的各個階段。他們也精通如何設定流程和建立系統，以提升團隊的績效，尤其是與其他團隊協作的成效。

他們必須能迅速回應市場的需求，遭遇失敗的體驗也要有能力談論其從失敗經驗汲取的教訓，以及學會如何以不同的方法做事。如果人們無法公開討論自己失敗經驗，這意味著他們難以超越自身的局限，或缺乏對自身的洞察。我們往往能夠從而分辨，某個人究竟仍處於中級階段，或實質達到資深階段。

更多實用技能

- 勝任公司發言人；
- 能在跨職能團隊出色地應對談判挑戰或衝突。

更多基礎技能

- 與其他職能的領袖共同領導——相信自身的成功與其他領導者息息相關；

- 被其他職能團隊視為領導者。

此階段最困難的是從行銷領導者躍升為副總，癥結主要在於領導力這項軟技能難以發揮太大功效。我曾於多年前在部落格就此課題發表文章，也獲得包括非科技公司員工在內的廣大網友閱讀。以下是這篇文章的全文。

進階學習｜我是個傑出的行銷總監，為何沒辦法成為副總？

多年前，我見證過一位才華洋溢的行銷總監帶領一家備受關注的新創公司發布新產品，從而為公司創造了數百萬美元收益。

他打造了產品行銷、企業溝通、公關、品牌和夥伴行銷團隊。在不到一年期間，其行銷組織成員增至近 20 人，當中有 3 名經驗老到、且真心喜愛與他共事的領導者。然而，看著其他職能團隊資歷較淺的人晉升副總，他想不通自己為何還沒有副總頭銜。

他去找執行長，詢問何以自身的行銷成就不可勝數卻沒被拔擢為副總？執行長回答說，「很遺憾，你只是還沒做好充足的準備。」執行長未明確解釋原因，這令他不明就裡、也感到傷心。他無從得知自己必須做什麼才能成為副總。

我就是那位行銷領導者，而該名執行長是班・霍洛維茲。

如今我對當時沒能看清的事已了然於胸，因為我共事過或曾面試過的行銷領導者多達數百人，從而領悟了自己當年的一些問題。我但

願班在那時能告知現在我分享的這些事情。

這些經驗教訓不只對期望步步高升的領導者們很管用，也適用於任何傑出、但覺得職位沒能反映其能力的行銷領導者。行銷工作可能比你所想更加艱難。

別在行銷上專注於追求個人卓越。雖然這有違直覺，卻是職能表現卓著的人與真正準備好承擔領導重任者最大的區別。行銷領導力的關鍵不在於你個人的行銷能力，而在於團隊的執行力，以及你對團隊賦能的能力。擔任副總必須提供給部屬足以啟發靈感及促進成長的環境，使他們與其職能產生緊密的連結。如果你對卓越的看法仍是個人成就導向，而忽略在組織結構上為團隊卓越開創條件，那麼你得著手改變自己。

公司大於團隊。這與上述事情有關，但不盡相同。我常聽到行銷領導者說他的團隊完成了多麼出色的工作，這若不是為了鼓勵團隊就是意圖保護團隊，雖說二者都是重要的事情，但對於更高層級的領導者來說，公司的跨職能團隊才能稱為「我們」。你是否依據公司更廣大的目標和跨職能的成功標準來定義卓越？對於領導力的動態你能否心領神會，你用什麼方法指引團隊成員？這屬於資深行銷領導者工作最重要的一環，因此我們必須確保與銷售和產品團隊建立了有效的夥伴關係，並且和他們一同為成功下定義。

把焦點從「做什麼」重新導向「為何而做」。這會令人覺得棘手，因為每個人對於行銷各有己見，而真正了解其運作機制的人寥寥無幾。行銷團隊傾向於專注地展現一切作為，以及分享活動成果或行銷有效潛在客戶指標。「有看到我們做的事情嗎？它很管用！」各項指標對行銷人員有其重要性，但對組織裡其他成員則意義不大。傑出的行銷領導者應退一步思考，不要只是規畫和彙報，而要當投注至少等量的時間幫助組織領略行銷作為的緣由。這很難辦到，你

既不會從而獲得報酬，也不會有人要求你這麼做。然而，事成之後，公司其他成員將感受到行銷工作不僅面面俱到，而且有人在引導其方向。

抱持開放心態，勿以專家自居。老實說，現今人們大談特談欣然接受錯誤、快速失敗機制、展現脆弱性，然而專業必須兼顧獎勵和擁抱，而且基本上應該講求確實可靠。那麼，我們如何求取平衡？行銷領導者必須找出方法來傳達專業知識，同時也要對他人展現開放心態，邀請對方共同參與。

這種平衡是絕地武士等級的麻煩事（我仍在努力）。我們永難成為真的大師。但透過語調、要旨和自我覺察能力，我們可從「職能上的專家」（行銷主任）進化成「副總或行銷長層級的領導者」。我們不必達到完美，但必須發展各式工具，好優雅地在種種挑戰中確立方向。專家給人封閉的感覺。領導者給人開放的感受。

這一切最難的是什麼事情？那就是獲得優質回饋意見，以明白我們還須努力之處。這是泰半是主觀的，而且與行銷技巧無關。如果你未能突破職務升遷的天花板，可以向期望你成功的人們尋求實話實說的真誠回饋意見。然後，找你的同儕、教練、導師或主管共同擬定對策。如果公司裡沒人能幫你做這件事，則可以尋求職涯教練提供協助。

還有，最好別等到下次的年度檢討或出於欠缺升遷機會才來做這些事情。

這些是每個層級的人必備的基本領導技能，學會如何實際應用它們，將使你在職涯的任何階段受益無窮。

在科技業界，產品行銷實為通往任何職涯道路的絕佳入口匝道。它能引領你走向任何地方，如果你足夠幸運，還能帶領人們從事產品行銷、幫助他們成長為公司未來的領導者。

第29章
分階段的產品行銷：初期、成長期、成熟期

洛杉磯是汽車的國度，因此經驗豐富的汽車公司行銷長蜜雪兒‧德諾吉安（Michelle Denogean）稱它為家鄉。然而，由於協助車商線上銷售的新創企業 Roadster 正高速成長且爭取到全美最大車商成為其客戶，蜜雪兒很樂意長途通勤到位於舊金山的這家公司上班。

Roadster 產品團隊主要由老練的資深工程師組成。他們「資歷豐富」、曾在多家企業共事，也都極具生產力。然而，這使得產品進入市場團隊自覺像是局外人，難以和他們打造的產品產生連結。

蜜雪兒想彌補這個鴻溝、確保其團隊成員人選都達到產品團隊的要求，畢竟他們將密切共事。依據蜜雪兒的標準，其人選均有極高的資質，他們全都長年在汽車業界深耕，也有深厚的產品行銷經驗。然而，產品團隊不斷刷掉他的人選，理由是「對產品了解不夠深入」。

在第三次遭拒之後，他進一步逼問產品團隊為何一再回絕他的人選。這時他才得知，產品團隊想要的是截然不同的產品行銷人員：能幫 Roadster 的客戶善用產品，而不只是完成日常行銷工作的人。

這令蜜雪兒大感意外，他覺得那應該是專注於產品管理的產品經

理或客戶成功經理的工作，而不是產品行銷人員的職責。於是，他與產品團隊重新討論，並調整其對產品行銷工作的期望。最終，他們聘用了適配的人才。這提醒我們，即使是經驗老到的產品主管，仍可能令人意外地與產品行銷脫節。

很遺憾，各團隊對產品行銷工作的期望難以協調一致的情況屢見不鮮。因為產品行銷職責範圍沒有明確的定義，各團隊都認為產品行銷要能彌補其最大的不足。在 Roadster 的案例中，產品團隊想要填補產品採用方面的缺口，而產品行銷團隊則力圖在產品進入市場上促進更優質的槓桿作用。

本章試圖校準大家對產品行銷職責認知的一致性。我將一一展示企業各主要發展階段的產品行銷願景。這將能解答你對產品行銷工作的期許是否合情合理，並有助於你適時調整及聘用具備適切技能的人才。

初期階段：點火

此時是大規模學習階段。我們在這個時期發現適配的進入市場方法，而且頻繁的迭代是此階段的常態。我們力圖找出點燃成長之火的方式。

這時的任務是學會，什麼能一致地使人們轉變為有價值的顧客。我們理應在此階段測試諸多理論。有些難題唯有隨著時間推移才能得到答案（例如：最應該留住哪些客戶）。

初期階段的進入市場過程宛如肉搏戰。一切事情都讓人感到急迫且無比重要。此階段的公司還沒準備好投注更龐大的行銷經費，因為

他們還不確定哪些是最優質的客戶，也還不清楚最佳的成長之道。產品行銷人員身為產品進入市場策略家，這時應該在第一線解讀市場訊號，並據以採取進入市場行動。

此時直接與顧客對話的所有人將與產品行銷人員反覆辯證設計、產品、銷售、客戶成功、客群等課題。

各團隊將規律地每隔一段時間齊聚討論所學，並共商接下來的優先要務。然後，產品行銷團隊將幫助產品進入市場先鋒部隊，回應一切關於產品和客戶需求的事情。

如果是 B2B 公司，則應該逐步擬定銷售教戰手冊。也要著手測試可反覆操作的步驟，也必須基於回響極佳的行銷活動或內容來精進訊息傳達。思考一下誰是最好的產品傳教士，並找出最具影響力的傳播產品福音方式。哪些人的影響力最大？哪些社群在幫你營造口碑？

另一件至關重要的事是從產品的觀點來領導行銷活動，你必須讓世人了解為何你的解決方案在此時此刻如此重要、它何以勝過其他既有的產品。而晉升到下一個階段的關鍵是，運用超越科技與產品的各項元素來打造故事的能力。

經驗老到的產品行銷主任層級必須擁有廣泛的技能。一旦產品行銷的基礎到位之後，公司可以投注更多行銷資源來擴大訊息傳遞和推展更多行銷活動。

當進入市場模式可持續兩到三季且對市場區隔成功更有信心時，公司將晉級到新的階段。

成長階段：迅速上升

這是火上添油的階段，因為你具備了行之有效的基礎，並大致領會成功是可以複製的。此時的挑戰是，明白使你走到這一步的事物不必然有助於維持成長。產品行銷人員此時要對商業策略賦能，尤其要開創新的成長商機。

競爭力將驅動許多事情。規模較大的公司可以增添在所屬領域具有競爭優勢的特色功能。新進的新創公司則可以另闢蹊徑、善用新科技，或提供要價較低廉的服務。

對產品行銷人員來說，協助公司建立地位需要一則振奮人心的故事，以及節奏穩定的系列活動。這必須擴展人們對於類別和產品定位的認知。你也應該積極開拓能促進產品福音傳播的任何群體——具影響力人士、分析家、專家、狂熱顧客——並觸發他們講述你的產品故事。

此時產品將新增更多功能，或推出全新版本，售價會比較為高昂。產品行銷人員必須和產品團隊合作確保市場重視產品新增的項目，並把這一切的緣由整合到進入市場團隊講述更大格局的故事裡。

要留意別讓故事過於複雜或過度超前市場所能接受的程度。產品行銷人員也須告知產品團隊重大的市場現實情況，並帶頭做訊息包裝及釋出的相關工作。產品行銷人員還要確保產品與進入市場團隊維繫連結的流程確實到位。

各公司此時可能增加一些額外的進入市場模式。例如：專注於直接銷售的公司可能引進產品導向型成長模式。產品行銷角色應該支持不同的模式，並轉變其效用範圍。

在此時期，成長格外重要。當事業持續數季強勢成長且營收符合公司階段／規模的預期，工作將如虎添翼。

成熟階段：登峰造極

成長和成熟階段的公司之間，界線往往模糊不清。其差別可能在於收益、規模，有時則純粹繫於公司存續的時間。這很大程度上視情況而定。

此階段的挑戰來自維持可長可久的成長。諷刺的是，科技純熟的公司在產品行銷方面可能仍不成熟。這在各團隊各有產品行銷主題版本時尤其顯而易見。

此時，我們應該確立產品行銷目標及闡明其角色範圍。當公司臻至成熟時，產品行銷的影響力將隨之擴大，這意味著，優異的產品行銷將改變遊戲規則，而搞砸了產品行銷將削弱公司的力量。

請參考底下這個案例。銷售、行銷和產品團隊齊聚一堂開會，為了對公司如何回應最大競爭對手達成一致共識。此時銷售團隊指出一些最迫切的議題：

- 競爭對手主管已與關鍵利害關係人建立關係；
- 競爭對手邀我們參與一場他們穩操勝券的產品競賽；
- 競爭對手的產品顯得較新穎且具可靠性；
- 充分發展的公司在市場日久年深，人們對其產品的功用有既定想法。

雖然這些都是銷售上急迫的議題，但立即的回應方式是由銷售團隊和產品團隊共同制定：

- **必須提升銷售的合格標準**。鑑於競爭對手在找出有機會的客群方面訓練有素，產品行銷與銷售團隊應該攜手重新考量目標客群及銷售有效的標準。

- **必須在深談特色功能之前設定產品定位框架**。產品行銷人員應當控制好關於產品方法差異的對話方向，在產品行銷團隊創造出能夠定位產品的強效故事之前，最好不要深入談論產品各項特色功能。

- **務必讓人把產品各項優勢銘記於心**。相關說法要有足夠的證據或證詞必須能深入人心。產品行銷應創造更多客戶成功故事，並用數據來強調產品各項好處，也要以令人印象深刻的圖表和宣傳品來呈現。

- **需要具競爭力的工具來重新定位產品**。銷售團隊必須熟知如何更有效地回應競爭對手的話術和行動。產品行銷人員應該給予他們具有「關鍵擊殺點」的競爭戰術指導來應對競爭和克敵制勝。這會立刻讓銷售員顯得很高明。產品行銷團隊要與產品團隊協力確保，未來的回應競爭工具能在關鍵領域抗衡或擊敗競爭對手。

這是公司處在全盛期的典型產品行銷工作。他們跨越產品和進入市場團隊，打造出兼容並蓄的應對市場激烈競爭的關鍵方法。

除了應付緊急的市場形勢，產品行銷團隊也聚焦於各項長期的市場目標，例如；在公司意圖於十八個月內調整收益組合時，推動夥伴關係、定位、包裝、銷售等層面的誘因，使公司得以達成設定的目標。

產品行銷工作還必須保障強效的產品福音傳播基礎確實到位，這包括一切銷售賦能，以及主宰數位通路的整個影響力人士生態環境。對於羽翼豐厚的公司來說，還有許多隱而不見的影響力在發揮作用。至關緊要的是，與行銷團隊攜手了解市場的種種觀點。

在這個階段，行銷工作並非平均分配到所有產品或業務範圍。老牌產品可能需要技術升級，但不太需要行銷團隊支援。新產品或許需要較多行銷投資。對公司未來成長事關重大的套裝產品可能仰賴於大量額外的產品行銷工作。公司應該明確地把產品行銷工作應用到市場需求最旺盛之處。在充分發展的公司，並非所有產品等量齊觀。

在此階段，產品行銷團隊實際上可以成為強大的商業賦能要角。他們在應對緊急要務和處理長期進入市場工作上都擁有充足的資源。這也是為什麼明確定義公司對其角色職位的期望如此重要的原因。

依據階段調整範圍

產品行銷人員在抱負與現實之間的落差，往往會導致無謂的失望。公司應該花時間校準對所有團隊角色的期望，而不僅僅是產品行銷經常合作的團隊。

在公司各個發展階段，產品行銷的核心職責相對地穩定，而其角色範圍、專注焦點、應用方法則會隨著公司逐漸成長而發生變化。

任何階段的產品行銷工作重點均在於無畏地調適其角色範圍，以

及明確地做好溝通工作。這並非易事，但只要辦到了就可使產品行銷發揮影響力。

第30章

成熟公司的轉捩點：堅決投入產品行銷的時機

　　一家有九十年歷史的老字號保險公司開始思考，其客戶資料可以發展為促進優質保險決策的產品，而且此產品不只對自家公司管用，對其他公司也能派上用場。

　　某家成立二十年、有數十種產品的軟體公司得知，資訊長認不出旗艦產品以外的品牌，於是著手把多種軟體整合成套裝產品。

　　一家創立十五年的公司啟動了類似 Amazon Prime 的註冊會員模式，做為造訪一切服務的全新方式。

　　某家設立十年的公司，其英語版產品被全球多數國家採用，如今它打算進一步擴展國際事業。

　　這些實際情況顯示，產品變化所驅動的各轉折點，同樣需要轉換進入市場模式以獲致成功。而同樣重要或更加重要的往往是，忘記所學（unlearning，反學習）。

　　重大商業方案主要在高層主管全面支持下，由全公司配合進行。但這需要市場重新衡量該公司，而產品行銷就是公司轉型過程強效的催化劑。這是堅決致力於產品行銷、使其施展獨特優勢的時刻。

「傳統」公司演變成科技優先的企業

　　某家有上百年歷史的老牌公司在建築設備市場享有盛名，而其仰賴軟體的程度更勝於機械工程師！公司正朝精密建築設備方向發展，其產品如同機動的感應裝置般持續不斷地傳送數據到雲端，讓用戶能以更高明的方法完成工作。

　　這家公司擁有行銷團隊，其職責在於促進公司的優質品牌形象，以及傳達更大格局的企業願景。他們也有內部流程團隊，其宗旨是透過標準流程增進效率，並確保員工遵循流程。

　　當他們朝科技優先的方向轉變時，全面重構了產品組織且徹底改變其運作方式。被權賦產品團隊運用更多敏捷方法，陸續推出公司還不熟悉如何行銷的軟體產品。

　　此時，他們開始重新思考產品行銷團隊的角色。新產品必須更好地與公司較傳統的進入市場方法產生連結。他們的首批「客戶」來自公司內部：行銷、流程、現場銷售團隊和經銷商。

　　產品資訊不可限於產品比較影片或網站詳細資訊，必須自始至終強調科技與數據在客戶的優質工作中扮演的角色。產品資訊應該闡明新科技為何更好用，例如：運用感應導引系統進行工時研究能節省多少時間。對於新科技的初期採用者來說，細節很重要，光只有願景和品牌等特定資訊還不夠。

　　產品行銷團隊必須辨識重要的具影響力者，例如：不同世代的客戶，而不只是初期採用者。進入市場方法的轉變意味著，必須嘗試為初期採用者優化新事物，例如：在社群媒體發布科技潮流追隨者會喜

愛的情人節短片，而這可能不是公司行銷上的常態做法。

這將使公司的傳統及市場承受壓力，而在公司內部和市場造成的緊張關係是自然且不可避免的。在這種形勢下，產品行銷人員必須堅定不移地提供推力，使市場及公司內部團體勇往直前。這種始終如一的行動和任何個別的行銷活動最終將能開創我們渴望的變局。

產品單一的公司演變為產品多元的企業

每家不斷成長的科技公司都會出現這樣的轉變。有些公司會較早達到轉折點，而有些公司甚至在時機未成熟時，過早地推動這類轉型。成功的企業難免都會走向產品多元化。

這方面的挑戰在於組織的和市場的肌肉記憶（muscle memory）。銷售團隊總是比較能自在自得地賣他們已知的產品。再者，除非你堅持不懈地推促，否則顧客們不會重新思量他們對於你公司的想法。

為了讓人超越自然而然的慣性，產品行銷人員必須讓客戶了解，為何套裝產品是更優異的解決問題方案。至關重要的是，在深入談論任何具體細節之前，要先建立產品故事來架構新產品更優異的原因。

在最好的情況下，人們將聚焦於解決方案的價值，而非各項產品的功能。請記得，產品的分界線往往反映出公司的組織結構或成熟程度，而不必然能反映客群想要如何體驗產品的價值。

同樣重要的是，不要想當然地認為，某個產品行得通的進入市場模式，對於後續的產品也能成功奏效。畢竟競爭形勢變動不居，各種市場動態也變化莫測。產品行銷必須了解情況的異同，並且相應地引導進入市場方式。對於收購的產品來說，尤其是如此。

由於產品行銷人員往往能洞察未來主要產品趨勢，其重要使命包括率先幫公司和市場做好迎接轉變的準備。

這意味著，進入市場團隊需要許多工具和訓練來取得成功，還必須啟動影響力人士關係網絡。思想領導者也應該基於人們搜尋資訊的方法，發展出可以讓人們搜尋發現的、闡明新解決方案至關重要的訊息。當然，企業品牌的進化方式也事關重大。當進入市場模式積極主動且各個面向都協調一致時，將能發揮巨大的影響力。產品行銷是確定進入市場策略及引導策略執行的關鍵。

從產品優先轉移到以解決方案、服務為核心或以客為尊

回顧微軟辦公室套裝軟體新推出時，顧客有標準版和專業版兩種選擇。其差異在於所包含的產品。你可以根據自己的需求做選擇。

在現今的「訂閱經濟」（subscription economy）模式裡，微軟的商業價值支柱已從產品轉移到客戶區隔：家庭用戶版的 Microsoft 365 或是企業用戶版的 Microsoft 365。產品和以雲端運算為基礎的服務有各種不同的方案與訂價，而且有必要時可以隨時進行調整。顧客訂閱其服務是為了獲得整體價值而非個別的產品，雖然各方案都包含足夠的旗艦產品，以創造客戶珍視的價值基準線。

這是以服務、解決方案為核心或以客為尊，而非以產品為中心的進入市場範例。其價值是建立在市場區隔的基礎上，並且持續提供價值給目標客群。價值也遠超越整合在一起的各項產品。

這做法可以採取許多形式，從訂閱服務到授權無限取用，不一而

足。授權無限取用的方案特別適用於擁有大量產品組合的公司。微軟提供給企業的多年授權方案促成了眾多新產品的採用快速成長——由於納入整套服務方案裡，付費的公司必然會多加利用用這些新產品。

其根本關鍵在於如何架構和包裝價值，以增進目標客群對產品的採用。

擴展國際市場

基於帳戶行銷在美國根基深厚，以致於總部位於美國的軟體界領導企業 Demandbase 正進行海外拓展行動。然而，歐洲市場仍遠落後於美國市場，其歐洲地區銷售團隊仍仰賴老舊的產品訊息來與潛在客戶產生連結，畢竟新產品已超前歐洲市場太多。

這案例凸顯出各地的市場會因地理上的差異而大相逕庭。而進入市場戰術與產品訊息傳達必須因地制宜，以符合在地市場的具體需求。產品國際化深受在地化影響，因此追求國際市場成長對任何一家公司來說都是重責大任。

成立在地國進入市場團隊是基本要務，這通常要納入在地現場的人員和行銷角色，他們必須深諳如何以總部提供的一切為起點，並順應所在地的條件讓手頭資源派上用場。

產品行銷團隊可以在總部和駐外人員之間扮演即時翻譯員。產品行銷人員向產品和進入市場團隊傳達在地市場各項需求與優先要務，然後產品和進入市場團隊將據此從全球性的觀點做出各項決策。

他們也必須應對一些不明顯的行銷挑戰：某項功能妥適的在地化譯名、科技可及性的差別、文化差異導致迥異的產品使用行為。

成熟的公司處於得天獨厚的地位，能夠在公司達到轉折點之前投注更多的產品行銷資源。這樣做可以擴大進入市場的成功機率。但同樣重要的是，這是一種讓受產品進入市場影響的內部各團隊保持一致的方法。

　　不論公司發展到哪個階段，我們理應把轉折點視為機會並伺機而動，發揮產品行銷的獨特優勢。

結論
當前要務

我的朋友葛瑞迪・卡普（Grady Karp）是亞馬遜智慧型音箱 Amazon Echo 最初上市時的首席產品經理。他跟我說過該產品純語音使用者介面研發的歷程，以及傑夫・貝佐斯（Jeff Bezos）大致上在初期扮演的產品行銷角色。

然而，我們的職涯多半沒這麼幸運，不會在有千載難逢的執行長推動下開發定義新類別的產品團隊裡工作。但是，我們能在優秀的團隊裡為有趣的產品全力以赴，儘管從優秀到卓越不僅艱難、也令人生畏。

本書指出產品行銷角色的影響力與職能發揮的典範。並非每個人或組織都能達到這樣的境界，然而這是值得大家戮力以赴的目標。我期望書中各範例能啟發你對成功的想法，同時幫你認清不可避免的嚴酷現實，而這純粹只是整個旅程中的一個環節。

如果能活用產品行銷四大基礎要項，你將使大多數人望塵莫及：

- 基礎要項 1. 大使：把攸關客群及市場的各項洞察連結起來；

- 基礎要項 2. 策略家：領導產品進入市場；
- 基礎要項 3. 說故事的人：形塑世人對產品的想法；
- 基礎要項 4. 產品傳教士：促使他人傳播你的產品故事。

當你朝著理想努力時，以下是任何人都可以在任何公司組織、與任何產品行銷人員一起執行的清單並改變一切作為：

- **在產品和進入市場團隊各種會議上，要求基於市場或客群觀點的想法**。不要等待人們主動上門。如果你將打造、行銷或銷售產品，必然需要客戶或市場觀點來充實你的做事方法。每當出現機會時，務必要求產品行銷團隊提供市場或顧客的觀點。
- **學會卓有成效的行銷方法**。如果行銷團隊的特別活動相對於其他任何活動能產生超乎尋常的效果，很可能其中蘊含著關於受眾、產品訊息、最引人注目的產品功能等重大市場訊號。
- **分享更多故事**。故事不但對達成行銷目的具有強大的作用，也能高效地落實公司內部各團隊的構想。我們需要的不是資料堆砌出來的事實陳述，而是人們在現實裡踏實生活的故事，更要講述產品能對他們產生何種實質影響。
- **改善訊息傳達方式**。我們必須設法改進訊息傳達方式，使其更以客為尊。我們可以使用 CAST 做為衡量優質訊息傳達方式的指導方針：（1）是否清晰易懂？（2）是否真實可信？（3）是否簡明扼要？（4）是否通過測試？我們還可從書中各項範例獲取靈感。

- **運用產品進入市場畫布協調進入市場和產品團隊的一致性**。無論組織規模,把客戶各種現況與行銷、銷售和產品團隊各項計畫連結起來將受益無窮。這有助於形成產品進入市場策略,而策略將賦予一切行銷活動意義。
- **使用訊息傳達畫布來完善行銷和銷售團隊的訊息傳遞**。對於行銷團隊規模龐大、且與產品行銷團隊各自執行不同職能的公司來說,這是確保行銷與銷售發揮最大影響力的方式之一。
- **採用產品發布量表來建立產品與行銷團隊分享的各項期望**。在高效團隊裡,管理好分享的用語和期望等於成功了一半。務求每個人在各方面協調一致,而且不要考慮太多。優質合作的關鍵在於讓大家明白什麼有機會,並要接受團隊在看法互異時進行建設性的辯論。
- **應用敏捷行銷方法**。讓產品行銷團隊主導每週例行檢討、討論行銷活動的優先要務並改進。確保在市場學到的最新經驗教訓為每回「衝刺」提供有益的資訊。

每家公司都有辦法改善產品行銷方法。當產品行銷工作發揮效用時,科技公司的表現往往更優異。這始於重新思考關於產品行銷角色的各種假設,並且無畏地對其寄予厚望。

最後祝願讀者探索行銷之旅一帆風順、諸事如意。

附錄：行銷用語釋義

▶ **基於帳戶行銷**（account based marketing）。藉由檢視同一帳戶（公司）裡的人們，透過採行種種行動來判定將其轉化為客戶的最佳方法。這是根據同一帳戶中每個人的行為（例如：瀏覽我們的網頁）和意圖（然後又造訪我們競爭對手的網頁），而非依據其角色來判斷是否為適合的潛在客戶。要讓人到達 B2B 行銷漏斗的終端，需要的銷售影響力通常比行銷影響力更多，而當銷售與基於帳戶的行銷協調一致時最具成本效益。

最常運用在 擁有目標帳戶清單、專做 B2B 生意的公司。

▶ **聯盟行銷**（affiliate marketing）。這是以績效為基礎的行銷方法，在行銷或向顧客推薦產品上有預定的經濟分配（傭金）。

最常運用在 面向消費者的商品，而且他人擁有你所需客戶的分銷或推薦平台（例如：推薦網站）時。

▶ **分析師關係**（analyst relations）。該團隊與顧能、Forrester 或國際數據資訊公司（IDC）等分析與諮詢機構合作。這些公司擁有專門的產業分析師，並對大多數主要技術市場類別進行評估。

最常運用在 B2B 市場，用於確認產品足以與關鍵競爭對手一決勝負。這對於渴望第三方驗證產品價值的公司尤其有效。有些企業只願意購買分析顧問公司評比肯定的軟體。

▶**品牌**（brand）。全面定義你與客戶之間的關係。以頂尖產品公司發展初期選定的核心屬性為中心打造品牌。品牌與商標不同，雖然商標是品牌具代表性的視覺呈現。

最常運用在 每家企業都應該有意識地活用自己的品牌。90％消費者在開始積極考慮採購產品之前，心中早有他們想購買的品牌產品（例如：谷歌品牌）。

▶**行動呼籲**（call to action）。在大多數行銷活動中，往往有某種行動呼籲，也就是行銷人員想號召人們採取的下一步驟。

最常運用在 幾乎所有行銷活動都有行動呼籲；這是行銷團隊確認他們是否正在創造預期結果的方式。

▶**通路行銷**（channel marketing）。這包含各種不同的產品銷售通路（不是經由銷售團隊直接售貨給消費者）。零售商、網路、經銷商、原始設備製造商都屬於通路。大型諮詢顧問公司也可能成為通路。

最常運用在 所有產品都必須找出最適合的通路。儘管直接面對客戶的話，公司的收穫最多，因為我們可立即獲取所有客戶資料和市場訊號，但如果通路夥伴擁有公司所需的目標客群，通路行銷就能發揮效用。

▶**社群行銷**（community marketing）。這方法能使一群志同道合的人因某議題（例如：環境永續發展）、產品或某種角色（例如：行銷長或副總）而聚集，形成網絡相互學習並提供支援。這也是為傳

播產品福音開創起點的一種方式。

最常運用在 客戶基礎夠大的公司往往會運用這種方法，因為社群有助於客群擴展有關產品或類別的知識，而不須由公司直接主導相關討論。

▶**內容行銷**（content marketing）。公司提供真正有用資訊的各種觀點，屬於非銷售領域，與傳統行銷方法完全不同。這是建立專業知識和思想領導力的新方法。當新冠肺炎首波疫情爆發時，擁有觸及全球廣大民眾的技術、在各官方機構準備好之前就影響著各種政策決定的人，並非流行病學家或科學家，而是一家企業的成長副總。他匯集了大量的全球資料，並以任何人都能理解的方式解釋當時正發生的事情。

最常運用在 這被視為如同設立網站一般的標準行銷方法。當人們上網搜尋資訊時，我們可透過內容行銷使產品更容易被大眾發現。個人理財平台 NerdWallet 公司的整體事業即是建立在內容引擎的基礎上。顧客管理平台 HubSpot 公司則據以推廣了做為集客行銷的基礎。

▶**企業行銷**（corporate marketing）。這是公司層面的行銷，而不是產品層面的行銷。在整個行銷組合裡的重要性和相對比重，取決於發展階段、進入市場和產品本身的優勢。

最常運用在 當你準備好讓公司被視為產品以外的獨立統一實體時使用。

▶ **群眾募資／眾籌活動（crowdfunding campaign）**。例如：Kickstarter、Indiegogo 或其他類似的平台。在此，你可以試驗市場興趣所趨、初步的產品定位與訊息傳達。對於了解哪些人可能成為產品早期採用者、獲取訂價相關回饋意見、促使人「從坐而言進展到起而行」，這個方法尤其管用。人們透過這些平台把興趣轉化為行動，並出資來贊助你的產品。

【最常運用在】仍處於極早期發展階段、甚至是仍在構想階段的產品。

▶ **客戶漏斗（customer funnel）**。顧客從認知到購買產品整個旅程的每個步驟。例如：由戴夫・麥克盧爾（Dave McClure）普及的海盜指標（AARRR）：獲客（acquisition）、啟用（activation）、留客（retention）、推薦（revenue）、收益（referral）。行銷者通常用以下說法指稱漏斗各不同部位：漏斗頂端（TOFU）＝認知（awareness）、獲客（acquisition）、啟用（activation）。漏斗中段（MOFU）＝考慮（consideration）、評估（evaluation）、推薦（referral）。漏斗終端（BOFU）＝決定（decision）、購買（purchase）、留客（retention）、擁護（advocacy）。

【最常運用在】每家公司都需要客戶漏斗，不知道如何運作的公司很難獲得行銷成效。

▶ **需求開發／潛在客戶開發／管道開發（demand generation/lead generation/pipeline generation）**這些活動提高人們對產品的

認知與興趣，最終成為有效潛在客戶並轉化成銷售管道。

最常運用在 所有 B2B 公司都有需求開發專家，其權責範圍可能很廣泛（涵蓋實體到數位行銷活動），而且成功與否是依據他們的行銷計畫產生的有效潛在客戶來衡量。

▶ **產品展示（demo）**。運用影片呈現或由人員實際示範產品的重點功能，以及提供典型的應用案例。不要光解說產品的各項功能，而是透過產品應用實例、凸顯最重要的特色功能來確立公司的產品定位。

最常運用在 每家公司都應用某種方式來展示產品。

▶ **直效行銷（direct-response marketing）**。任何試圖使人直接回應行動呼籲的行銷方法，例如：號召點擊部落格貼文、參與網路研討會、寄送免費贈品。這與專注在提高產品知名度及品牌親和力的行銷形成鮮明對比，例如：宣傳最近獲獎者資訊的廣告活動。

最常運用在 需求開發活動，目標在於使人進入客戶漏斗、而不只是提高產品知名度或建立品牌關係。

▶ **活動／事件行銷（event marketing）**。不論是自家的大事（例如：Salesforce 的夢想力量博覽會）或是參與其他盛會（例如：RSA 資安大會），這是一種利用不期而遇的驚喜及現場洋溢活力的優勢、能快速觸及特定目標客群的方式。這也是打造夥伴關係和在競爭中突破重圍的絕佳場合。

$\boxed{\text{最常運用在}}$ 有特定市場區隔的公司會採用這種方法,直接獲得出席者的名單並在舞台上占有一席之地,從而脫穎而出。

▶**網紅行銷行銷／社群意見領袖**(influencer marketing/social influencers)。得到擁有領域知識、及大批追隨者的影響力人士代言或間接宣傳。

$\boxed{\text{最常運用在}}$ 直接面向顧客的品牌,這是他們的基本行銷法,在影響力日漸分散、難以追蹤但仍有效益的情況下,每家企業都應該放手去做。

▶**用途理論**(jobs to be done)。這是安東尼・伍維克(Tony Ulwick)的著作《待完成的工作》(*Jobs to Be Done*,直譯)推廣的產品發展思維框架。作者界定客戶力圖完成的特定「任務」,及其運用產品來達成任務的真正動機。其宗旨在協助產品團隊發掘激勵顧客的各項深層目標。

$\boxed{\text{最常運用在}}$ 有些現代產品團隊會運用這理論來框架客戶探索工作。

▶**夥伴行銷**(partner marketing)。人們從你結交的夥伴來評價你。透過擁有你所渴望的理想合作夥伴關係,開創行業驗證和擴增銷售通路。其範圍從行銷夥伴到收益夥伴(例如:一起舉辦活動或行銷),不一而足。另可參閱通路行銷。

大多數企業應該在適合的時機運用這方法。

▸ **績效行銷**（performance marketing）。這是只在產生可衡量結果時才付錢的付費廣告方式。這種方式可能迅速耗盡預算，因此必須頻繁地監看成效。

最常運用在 擴大數位形式的產品知名度、提升行銷活動或驅動行銷有效潛在客戶。

▸ **新聞稿**（press release）。供新聞記者寫稿的標準格式文章，要素包括人物、事件、發生地點、為何發生、如何發生等。記者「只想要實情」，然後再以自己的觀點寫故事。因此，事實愈容易找愈好。一般而言，新聞稿盡量減少宣傳內容，好讓媒體認為新聞稿確實可信。新聞稿往往發到通訊社，以便各大新聞機構都能看見和採用。

最常運用在 至少在有新聞要發布（例如：某公司獲得五千萬美元注資）或必須展現公司動態（例如：沃爾瑪成為公司客戶）時會用到。但我們也可以用新聞稿來連結熱門話題，讓大眾更容易從搜尋引擎發現我們。

▸ **產品導向的成長**（product-led growth，簡稱 PLG）。仰賴產品獲得客戶、啟動客戶、留住客戶的進入市場策略。這是比較具有成本效益的開發客戶基礎方法之一，對於促進有機成長和產品福音傳播來說，尤其如此。開發者工具特別喜歡用這個方法，因為它總是假設開發人員要試用過後才會相信工具派得上用場，另外也對面向消費者

的企業有效用。B2B 公司可以運用產品資料來推動銷售。援用此法的關鍵在於人們熱愛某產品，而且會向他人分享該產品，從而有機地擴增使用者人數，或大幅簡化產品銷售流程。

最常運用在 與客群建立直接關係的企業，但也日漸成為企業軟體研發公司混合進入市場方法的一環。

▶ **公關（PR）／新聞界及媒體關係（press/media relations）。**來自新聞界的第三方驗證可以讓世人明白，你的產品或公司值得媒體關注。這對於延攬人才、爭取客戶、提升產品知名度及網路流量都有幫助。建立並持續維繫媒體關係的最大優勢在於，讓你公司成為領域的發聲專家，從而成為各種故事的要角，而非被動等待有人來為你撰寫公司故事。請記得，媒體工作者每天要應付數百甚至數千則報導邀請，因此分身乏術，所以此處的重點在於，經營好媒體關係和審慎思考你的新聞價值。

最常運用在 尋求第三方驗證，或建立有新聞價值里程碑的公司。

▶ **銷售賦能（sales enablement）。**提供給銷售團隊背景材料、內容、工具、訓練和流程等一系列行動，旨在增進銷售成效。

最常運用在 每家擁有直接銷售團隊的公司，也可用於通路行銷，使通路夥伴配備銷售成功所需的利器。

▶ **搜尋引擎優化／搜尋引擎行銷（SEO/SEM）。**活用特定技巧來提高網站及內容在搜尋結果中的整體排位順序和可發現性，這包括找

出你想要連結到產品的關鍵字等。搜尋引擎行銷是其中一種必須付費的廣告方式，透過關鍵字讓使用搜尋引擎尋找問題解決方案的人，發現你的網頁內容、產品、服務或公司。

最常運用在 所有應該進行搜尋引擎優化的網站及內容，確保其在搜尋結果中有夠高的排位、能夠被顧客們發現。我們不一定要運用搜尋引擎行銷，但如果公司的數位行銷預算增加，就應該盡量使用。

▶**社群媒體行銷**（social media marketing）。善用社群媒體平台來推廣公司產品與員工。這可以包括你的促銷貼文，以及／或是影響力或內容行銷。對於創造或深化品牌忠誠度、擴大某些內容的重要性，以及促進與客群雙向對話，這是極佳的方法。

最常運用在 這是以更有機的方式啟動產品福音傳播的良好管道。

▶**贊助**（sponsorships）。透過財務贊助或互惠贊助使你公司與一場盛會、場地或組織產生連結。這是一種透過已經與目標客群建立關係的組織或活動來購買知名度的方式。

最常運用在 提升品牌知名度和「經由關係獲得驗證」。關鍵在於使品牌與一件盛事或你的目標客群產生連結。

▶**傳播技術福音**（technical evangelism）。常見於針對開發者的行銷法。這些更懂技術的專家能與開發人員「談論技術」，具體地提倡運用某種科技的產品。他們往往本身就是開發者或工程師，而且是產品本身的使用者。

最常運用在 任何對研發人員行銷科技產品、服務或應用程式介面的時機。

▶ **傳統廣告**（traditional advertising）。通常是指戶外、廣播、電視等非數位形式的廣告。

最常運用在 你需要一定數量的資源或特定的觸及對象才有意義，對於特定地理區域、產業或人口來說，這是讓人認知產品特別有效的方式。

▶ **口碑行銷**（word of mouth marketing）。積極地影響或鼓勵人們公開談論或書寫你的產品或服務，以此證明他們真心喜愛產品，有時這方法會與有機成長或社群影響力相關方法交替運用，例如：顧客在比較網站上發表產品評論文章、在開發者論壇或通訊管道上貼文。

最常運用在 做出購買決定之前尋求正面口碑的人們。愈是懂科技或社群媒體的受眾（例如：年輕人），愈偏愛這類學習管道。

致謝

　　我戒慎恐懼地寫完本書，心知這會是個艱難的過程，畢竟書寫值得一讀的著作絕非易事，因此我深深感激那些讓讀者定奪書籍價值的創作者們。我特別感謝麥爾坎・葛拉威爾（Malcolm Gladwell）及其大師課程啟發我嘗試新事物、成為一名作者。我也要向所有我曾拜讀過的書籍作者、曾觀賞過的電影導演、曾聆聽過的音樂作曲家致謝，你們的作品激發了我的靈感。

　　向吾愛及終生伴侶克里斯・瓊斯（Chris Jones）和安雅與泰倫致意——你們給了我無以復加的支持。當我欲罷不能地寫作時，你們耐心以對並給予體諒，我實在無法道盡感激之情和對你們的愛意。感謝碧兒特（Birthe）、杜安（Duane）、潘（Pam）、蘭斯（Lance）、蘇珊（Susan）等親人，以及母親和父親（願您安息），你們造就了如今的我。

　　我於書中提供的任何建議，都是源自過去在各家卓越企業與傑出同僚共事累積的絕佳經驗。我無法一一提及這麼多人的名字，但在學習過程中幫過我的人都很清楚，我對學到的一切心存感激。我早年在微軟、網景、Loudcloud的歷練對於後來的發展尤其意義深遠，因此我要向當年的同事和朋友們莎拉・里瑞、麥可（Michael）與凱瑟琳・赫伯（Kathleen Hebert）、約翰・伍德（John Wood）、布魯斯／彼得・帕特（Blue/Peter Pathe）、傑夫・維爾林、艾瑞克・萊文（Eric Levine）、林恩・卡彭・舒曼（Lynn Carpenter Schumann）、艾瑞克・拜恩（Eric Byunn）、艾瑞克・韓（Eric Hahn）、鮑伯・里斯本（Bob

Lisbonne）、班・霍洛維茲、馬克・安德森、傑瑞・吉姆森（Jerrell Jimerson）、布萊恩・格雷（Brian Grey）、提姆・浩斯和已故的麥克・霍默（Mike Homer）致謝，你們的行事作為令我印象深刻，形塑了我今日的專業基礎。我也要謝謝 Team Pocket 的奈特・韋納、妮奇・威爾（Nikki Will）、馬特・寇丁（Matt Koidin）和喬納森・布魯克（Jonathan Bruck），讓我與你們一同學習成長。

如果本書值得一讀，理當歸功於高效的審稿人員，他們持續推促我進一步強化種種想法，其回饋意見具體、坦率、激勵人心，而且他們付出了極多寶貴時間，謝謝蓋比・畢馮（Gabi Bufrem）、史考特・吉多博尼（Scott Guidoboni）、克納茲・柯（Kenaz Kwa）、東尼・劉（Tony Liu）、塔蒂雅娜・馬木提（Tatyana Mamut）、凱文・麥納瑪拉（Kevin McNamara）、杰・米勒（Jay Miller）、吉姆・莫里斯（Jim Morris）、瑞秋・權（Rachel Quon）和馬特・史丹默（Matt Stammers）。感激不盡。你們的投入和關懷使本書增色不少。

很榮幸有萊絲莉・霍布斯（Leslie Hobbs）教練陪我走完寫書的過程、成為一名合格的作者。他審閱、編輯所有文稿歷時逾十八個月之久，在我最需要支持的時刻鼓舞我，並使我相信自己能夠做到。我難以道盡對萊絲莉的感激之情。勞倫・哈特（Lauren Hart）設計了書裡的各項圖表，是幫我理清想法的非凡夥伴。

Costanoa Ventures 使我寫作的夢想成真。我與 Costanoa 新創公司的工作對若干思維框架進行壓力測試、闡明了產品進入市場的種種挑戰，並且使我的教學內容日益精進。感謝你們讓我參與各位的旅程。我對格雷・桑茲（Greg Sands）滿懷謝忱，你為我和本書開創了天地。

我也要向營運夥伴團隊蜜雪兒・麥克哈格（Michelle McHargue）、吉姆・威爾森（Jim Wilson）、貝蒂・沃金（Bettye Watkins）、泰勒・伯納（Taylor Bernal）、凱特・威利（Katy Wiley）和瑞秋・權致意，感謝你們幫我創造完成此書的空間。我也要感謝投資團隊的艾米・奇頓（Amy Cheetham）、約翰・考吉爾（John Cowgill）、東尼・劉、麥肯齊・帕克（Mckenzie Parks）和馬克・賽爾喬（Mark Selcow），感激你們對我的信任。特別要感謝南西・凱茲（Nancy Katz）的審核工作，謝謝使 Costanoa 成為絕佳職場的潘梅拉・馬吉（Pamela Magie）、瓊拉・賈拉維瓦（Chonlana Jarawiwat）和麥克・阿爾邦（Mike Albang）。

　　本書的起源故事和動機來自矽谷產品集團與馬提・凱根。你的《矽谷最夯・產品專案管理全書》和《矽谷最夯・產品專案領導力全書》啟迪我，並賦權予我，使我能夠與世界一流的夥伴團體攜手合作。我無比感激你與我締結的夥伴關係。感謝莉亞希・克曼（Lea Hickman）、克里斯・瓊斯、（Christian Iodine）、喬恩・摩爾（Jon Moore）和馬提，親切地對我的初稿提供建言和鞭辟入裡的回饋意見，並鼓勵我完成寫作過程。你們竭盡所能以最佳方式挑戰我的極限，使我和本書日進有功。

矽谷最夯・產品專案行銷全書

破解世界級爆款科技產品，重新定義產品行銷力
Loved: How to Rethink Marketing for Tech Products

作者	瑪蒂娜・羅琛科 Martina Lauchengco
譯者	陳文和
商周集團執行長	郭奕伶
商業周刊出版部	
總監	林雲
責任編輯	潘玫均
封面設計	林芷伊
內文排版	点泛視覺設計工作室
出版發行	城邦文化事業股份有限公司 商業周刊
地址	115 台北市南港區昆陽街 16 號 6 樓
	電話：(02)2505-6789　傳真：(02)2503-6399
讀者服務專線	(02)2510-8888
商周集團網站服務信箱	mailbox@bwnet.com.tw
劃撥帳號	50003033
戶名	英屬蓋曼群島商家庭傳媒股份有限公司城邦分公司
網站	www.businessweekly.com.tw
香港發行所	城邦（香港）出版集團有限公司
	香港九龍九龍城土瓜灣道 86 號順聯工業大廈 6 樓 A 室
	電話：(852) 2508-6231　傳真：(852) 2578-9337
	E-mail：hkcite@biznetvigator.com
製版印刷	中原造像股份有限公司
總經銷	聯合發行股份有限公司電話：(02) 2917-8022
初版 1 刷	2025 年 2 月
訂價	420 元
ISBN	978-626-7492-76-5（平裝）
EISBN	9786267492802（PDF）／9786267492796（EPUB）

國家圖書館出版品預行編目 (CIP) 資料

矽谷最夯 產品專案行銷全書：破解世界級爆款科技
產品，重新定義產品行銷力 / 瑪蒂娜．羅琛科 (Martina
Lauchengco) 著；陳文和譯 . -- 初版 . -- 臺北市：城邦
文化事業股份有限公司商業周刊, 2025.02
　面；　公分
譯自：Loved : how to rethink marketing for tech products
ISBN 978-626-7492-76-5(平裝)

1.CST: 商品管理 2.CST: 行銷策略

496.1　　　　　　　　113017182

藍學堂

學習・奇趣・輕鬆讀